国家重点研发计划"黄土残塬沟壑区水土保持型景观优化与
特色林产业技术及示范"
北京林业大学学术专著出版计划
山西吉县森林生态系统国家野外科学观测研究站
林果业生态环境功能提升协同创新中心

资助出版

黄土高原功能导向型林分结构调控

毕华兴　魏　曦等　著

U0389083

科学出版社

北　京

内 容 简 介

本书以晋西黄土区刺槐林、油松林和刺槐-油松混交林典型林分为研究对象，并以山杨-栎类次生林为对照，通过对林分结构（水平、垂直结构）和水土保持功能影响因子的解析，借助结构方程定量分析不同林分结构与水土保持功能的耦合关系，提出基于功能导向型的林分结构调控和优化措施配置，为黄土高原林分密度调控关键技术问题的解决，以及黄土高原林分结构改造和水土保持功能持续提高的协调管理提供参考依据。

本书可供生态学、林学、水土保持学等专业的研究、管理人员及高等院校相关专业师生参考。

图书在版编目（CIP）数据

黄土高原功能导向型林分结构调控/ 毕华兴等著. —北京：科学出版社，2019.6
ISBN 978-7-03-061443-8

Ⅰ. ①黄⋯ Ⅱ. ①毕⋯ Ⅲ. ①黄土高原－林分结构－调控
Ⅳ. ①S758.5

中国版本图书馆 CIP 数据核字(2019)第 106662 号

责任编辑：朱　丽　万　峰 / 责任校对：何艳萍
责任印制：吴兆东 / 封面设计：北京图阅盛世文化传媒有限公司

科学出版社 出版
北京东黄城根北街 16 号
邮政编码：100717
http://www.sciencep.com

北京建宏印刷有限公司　印刷
科学出版社发行　各地新华书店经销
*
2019 年 6 月第 一 版　　开本：787×1092 1/16
2019 年 6 月第一次印刷　印张：10 1/4
字数：240 000
定价：98.00 元
（如有印装质量问题，我社负责调换）

《黄土高原功能导向型林分结构调控》

本书作者名单(按姓氏汉语拼音排序)：

毕华兴　崔艳红　侯贵荣　孔凌霄

李永芳　梁文俊　王　宁　魏　曦

杨宗儒　袁普京　云　雷　周巧稚

学术秘书： 魏　曦

前　言

美国航空航天管理局（NASA）的最新研究表明：过去20年，世界变得越来越"绿色"了。其中，仅中国的植被增加量就占到过去17年全球植被总增加量的至少25%（Chi et al.，2019）。这一数据强有力地证明了中国在过去几十年来为世界人工林营造做出的巨大贡献。然而，森林多种功能与效益的充分发挥，必须建立在足够数量、优良质量、合理结构、均匀分布的森林体系之上（张德成，2018），我国森林资源质量不高、结构失衡及效益低下的问题依然相当突出，加速提升森林资源的整体质量，是当今我国林业建设的重要任务。为此，国家林业局在组织实施六大林业生态工程的同时，又开始实施森林质量精准提升等一系列重要工程。在生态文明的大理念和背景下，如何进一步改善生态环境、控制土壤侵蚀，实现林业生态工程建设从数量增加到质量提升的跨越，是当今人们关注的焦点。

就黄土高原这一全球水土流失最严重、生态环境最脆弱的地区（原翠萍等，2010）而言，过去若干年来，气候影响以及人类活动使得黄土高原植被遭到严重的破坏，导致该区域水土流失严重、生态功能急剧下降、环境不断恶化、人民生活水平低下，上述问题严重制约着该地区的可持续发展。因此，自1950年以来针对黄土高原开展了大量和长期的水土保持和植被建设工程，使该区域生态环境得到逐渐恢复和改善（王力等，2004）。但仍有大量研究结果指出：在黄土高原造林和植被恢复过程中，出现了人工林造林密度过大、树种选择不合理等造成的树木生长缓慢、土壤水分亏缺、深层土壤干化等生态问题（Sun et al.，2006；Wang et al.，2011），使得黄土高原处于"两难"的境地，一方面需尽快恢复增加森林植被，改善恶劣的生态环境；另一方面，盲目造林和简单增加森林植被可能会因过量耗水而激化林业生态用水与其他用水的矛盾，也可能造成土壤干化，进一步影响植被的稳定（王彦辉，2006）。在此背景下，众多学者及相关政府部门开始广泛关注和高度重视大规模的森林植被建设对水资源和土壤资源的影响，特别是在水土流失严重、水资源匮乏、生态环境脆弱和社会经济落后的黄土高原。

林分结构决定着林分功能的发挥，同时也是林分稳定性的重要指标，一些学者基于水量平衡原理进行林分合理密度调控（张建军，2007）和适宜林草植被覆盖率的研究（毕华兴，2007），也有学者关注林木抚育经营后林分内植被、物种多样性、林分结构、土壤等环境变化（梁星云，2013；何友均，2013；郝建锋，2014；冯琦雅，2018）。尽管目前关于林分结构和功能的研究较多，但现有研究在林分结构和功能关系解析上仍有很多问题没有得到解决，如什么样的林分结构具有较优的水土保持功能？怎样对林分结构与功能之间多对多复杂关系进行耦合分析？在林分结构和功能耦合解析的基础上，各林分结构因子怎样进行组合调控才能更有效地提高其功能？这些问题是制约林业生态工程建设的关键技术瓶颈，严重影响着林业生态工程建设从数量增加到质量提升的成功跨越。其中，典型林分的林分结构与功能耦合机理是这些关键技术背后的核心科学问题。这一问题的解决，无疑对充分解析林分结构和功能之间多对多的复杂关系、实现基于功能导向型的林分结构精准调控具有强大的理论支撑，对林业生态工程建设和水土流失防治、转变林业发展方式、推进生态文明建设具有重要的现实意义。

毕华兴　魏　曦

2019 年 1 月

目　　录

第1章　国内外研究进展

1.1　林分结构研究

1.1.1　林分结构的内涵

在林学和生态学领域，林分结构是研究中持续存在的热点和难点，开始研究的年代较早，许多研究者都为其下了定义，虽然指标各不相同，但内涵相似，目前林分结构的概念还未完全统一。林分结构屡次被定义为植物个体或群落在水平和垂直两个方向上的组成(Kimmins，1996；夏富才等，2010；李俊，2012)，并且它们在两个方向的差异性影响林木生长、物种多样性、林内外动物栖息情况及林火特性等各个方面(Waltz et al.，2003；Youngblood et al.，2004；刘韶辉，2011)。李毅等(1994)、陈东来等(1994)、孟宪宇等(1995)和胡文力等(2003)分别用不同指标表示林分结构，指标主要包括树种组成、林木株数、林龄、胸径、树高、冠幅、林木大小值分布、形数、林层、材积、物种多样性等林分特征因子的变化，以及它们所呈现的结构规律性(林分结构规律)；这些林分结构因子所呈现的规律决定了森林的功能。安慧君等(2005)从生态学和测树学的角度对传统的林分结构加以描述，其参数也基本在上述因子范围内，具体包括年龄、直径、树高、树种组成、密度、种群内的分布形态等。贺姗姗(2009)和姚爱静(2014)、姚爱静等(2005)从空间分布规律角度研究林分结构，在以上因子之外增加了空间配置规律性的内容。

林分空间结构很好地扩充了林分结构的含义和范围。广义上，林分空间结构是森林中树木及其属性在空间的分布(Mason and Quine，1995；Ferris and Humphrey，1999；Pommerening，2002；汤孟平，2010)，强调了树木空间位置。狭义上，它是林木空间分布格局、林木竞争程度(或林木大小空间排列)和树种混交程度(Aguirre et al.，2003；汤孟平等，2004)。惠刚盈等(2003)的研究认为，林分空间结构不但决定林木的竞争状态及其空间生态位，还影响林分稳定性、林分发展可能性和经营空间范围。因此，林分空间结构能够反映森林群落中各植被物种的空间位置关系，具有相关而又独立的特征规律及不同的生态稳定性。但是，目前林分空间结构的内涵存在研究范围相对狭窄、研究的对象由于概念不清而造成的模糊、局限于空间或非空间的概念，却忽略了时间等其他维度等问题，还需要进一步深入挖掘和研究，形成一致的公认概念并作为依据，以使整个行业林分结构研究的基石更加稳固。

林分非空间结构不需要树木位置坐标，如林分密度、胸径和树高分布等；空间结构包括水平结构和垂直结构，此观点目前被广泛接受，并投入大量的精力对其进行研究。其中，水平结构研究较为突出，树种的隔离程度的研究包括混交度、大小比数和角尺度等；林木的竞争主要由竞争指数来表达；林木分布格局的分析包括最近邻体分析、聚块样方方差分析及 Ripley's $K(d)$ 函数分析等。对垂直结构的研究也不断深入，包括叶面积指数(LAI)测定和分析、林层指数分析等。

1.1.2 林分非空间结构

1. 树种组成

树种组成决定了森林类型和生物多样性，林分的树种结构也是人工造林及其抚育经营和协调管理的有效依据。这一因子的研究主要集中于树种描述和生物多样性两个方面。其中，树种描述指在不同地区、不同位置和不同立地条件下林木种类的组成情况；生物多样性属于生态学范畴，其含义囊括了森林的物种组成，一般用生物多样性指数表示，常用的有 Shannon-Wiener 指数、Simpsons 多样性指数和均匀度等(Fisher et al.，1943)。另外，还有多种物种分类方法可以用于研究树种组成，据此判断优势树种和呈地带性分布的植被，将复杂物种组成分类，便于进一步分析(Pitkänen，1997)。

2. 胸径分布

胸径分布以径阶的形式表达，能够反映林分特征和预测森林蓄积量。为准确地量化描述林分特征，学者提出林分直径结构模型来描述胸径的频率分布信息，受到广泛关注，主要理论包括分径阶直方图、Weibull 分布、q 值理论等。①分径阶直方图能直观地反映出不同径阶的分布状况。Nishimura 等(2003)运用分径阶直方图研究区分出日本温带地区常绿阔叶林中优势树种和数量最多的树种，且优势树种的直径径阶呈双峰分布。②瑞典的 Weibull(1951)提出了 Weibull 分布函数，1973 年首次应用于描述胸径分布(Bailey，1975)。该函数灵活性强、能适应不同形状和偏斜度，参数易求解且有明确的生物学含义，在林分结构研究中应用广泛。Mabvurira 等(2002)用 Weibull 分布研究同龄桉树(Eucalyptus)的胸径分布；Zhang 等(2001)、Liu 等(2002)、Zasada 和 Cieszewski(2005)、王顺忠等(2006)均运用 Weibull 分布，建立了各区域的林分胸径有限混合分布模型，拟合效果较好。③q 值理论也应用广泛，q 值表示某径级与邻近大径级株数的比值，其序列和均值可用于表达林分的径级分布。其中值越小，直径分布曲线越平缓，反之则越陡峭(李俊，2012)。其中，法国的 de Liocourt(1898)和 Meyer(1952)的研究表明，在天然异龄林中连续两个径阶间的林木株数比会逐渐逼近一个常数 q。Goodburn 和 Lorimer(1998)指出应以接近平衡状态 q 值为目标来进行人工异龄林和天然老龄林的经营。亢新刚等(2003)、郝清玉和王立海(2006)认为，采用调整 q 值至预定值的方法能更好地管理天然林。

此外，陈学群(1995)采用 β 分布模型对比分析 30 年林龄的不同密度马尾松人工林的胸径分布规律。胡雪凡(2012)采用幂数指数方程对胸径分布规律进行了模拟研究。概率密度函数、理论生长方法、联立方程组法、最相似回归法(王香春，2011)等模型可拟合胸径分布，适用于不同的林分类型或立地条件。

3. 树高分布

树高分布指不同林木树高的分布状态，用高阶表达。与胸径相似，它也能反映林分特征和蓄积、材积量(李俊，2012)。研究方法主要为树高曲线、直方图及数学模型等方法。Iwasa 等(1985)分析了树木的树高和冠幅竞争的结果。Holmgren 等(2003)利用机载激光扫描测量地块上的树高和树干体积,并进行了树高分布分析。Maltamo 等(2004)基于扫描激光测高和预期树木尺寸分布函数的木材容积和茎密度进行估算,其中应用了树高分布函数。这些都是树高曲线和模型的应用实例。

4. 林龄分布

林龄分布指林木株数按年龄分配的状况(又称"年龄结构"),表达林木更新的过程和速度(焦一杰,2009)。常用的估计方法有直方图法、Weibull 分布和 β 分布等数据函数。Gower 等(1996)利用年龄分布探究地上净初级生产量与年龄之间的关系,以及生产量下降的潜在原因。Racine 等(2014)运用采用 LiDAR 得出的预测因子来估算林分年龄并对林龄进行了分布分析。Shidiq 和 Ismail(2016)利用遥感数据对马来西亚吉达橡胶树地形空间分布建立分析模型,其中对林龄分布也进行了深入分析。

1.1.3　林分空间结构

近年来,国内外学者越发重视研究森林空间结构,因为它可以决定森林未来的发展(Pretzsch,1997)。林分空间结构基于林木的相对坐标构建,能提供空间位置特征和物种空间关系的详细信息。北美洲国家以林分空间结构的理论研究见长,分析内容包括森林的生长和动态模拟(Antos et al.,2002;Béland et al.,2003);欧洲国家的空间结构应用研究更优,主要考虑用择伐等方法来调整森林的空间结构;其他世界各地也都在定量分析林分空间结构方面不懈努力,对各类林分结构因子的关注热度不减,这一领域已经成为当前森林结构研究的热点问题和整个林业研究的重点方向。

空间结构研究现已细分为水平结构和垂直结构;零维、一维、二维和三维结构等。林木在水平空间和垂直空间的配置状况或分布状态受林木个体之间内部相互作用和外部环境共同影响。目前,除了基础的分布分析以外,还有多种定量的森林空间结构指数分析(Pommerening,2002;Kint et al.,2003)。

1. 林木空间分布格局指数

林木空间分布格局反映森林发生、发展和消亡过程,研究方法如下:①调查实验样地的所有林木株数及其分布(样方法);②量测每木到其最近邻林木两点之间的最短距离(距离法);③定位每木的坐标位置(角度法)(龚直文等,2009)。

林木空间分布格局指数有方差均值比。Biondi 等(1994)运用方差均值比研究天然森林的长期变化;徐化成等(1994)采用 Greig-Smith 聚块样方方差分析方法分析不同年龄结构的落叶松空间格局;Kuuluvainen 等(2002)也用该指数分析林分中林木大小之间的方差图。距离法最常用的有最近邻体分析法和空间统计法。聚集指数(R)就是最近邻体分析法的重要指标之一(Clark,1954;Petrere,1985);$R>1$ 时林木均匀分布,$R=1$ 时林木随机分布,$R<1$ 时林木聚集分布(贺姗姗等,2008)。游水生等(1995)将这一指数应用到米槠(*Castanopsis carlesii*)的空间分布格局研究中。而空间统计法分为点格局分析法和表面格局分析法或地统计学法(李俊,2012)。日本学者Kubota 等(2007)、侯向阳和进轩(1997)、

张金屯(1998)、Li(2003)、吕林昭等(2008)用 Kipley's 点格局分析法对各自区域内的林木空间分布格局做了相应的研究；汤孟平等(2003)深入探讨了该函数的边缘矫正问题，并应用于分析天目山常绿阔叶林空间结构(汤孟平等，2006)。与传统的格局分析法(如方差均值比、负二项参数 K 值、丛生指标、扩散型指数 Iδ 等)相比，点格局分析法与传统样方法具有明显优势，因此被广泛采用(龚直文，2009)。

2. 竞争指数

林木竞争指同一立地条件下两株及以上的林木由于资源有限而不能充分生长。一般采用距离因子来衡量，主要有 3 类(Holmes and Reed，1991)：①影响圈竞争指数根据林木冠幅伸展区域及其重叠面积确定；②生长空间指数指竞争树木连线垂直平分后生成的 Voronoi 多边形面积(Brown，1965)；③大小比数指林木之间的大小比值(Bella，1971；Hegyi，1974)。国内外学者在竞争指数方面的应用研究也颇多。Béland 等(2003)运用 Hegyi 竞争指数表达了加拿大短叶松纯林及其与杨桦混交林的种内和种间竞争关系。汤孟平等(2007)改进了 Hegyi 竞争指数，提出用 Voronoi 图确定竞争木的新方法。Rozas(2015)应用该竞争指数来研究树木树龄、规模和树间竞争的相对重要性。González de Andrés 等(2018)利用 Hegyi 竞争指数研究了欧洲山毛榉-苏格兰松混交林的关系，其中树与树之间的竞争对其生长有不同影响，而水的利用效率主要取决于立地条件。赵中华等(2014)应用大小比数表达林分空间优势度，同时也用角尺度来判断林分空间格局(赵中华等，2016)。

3. 混交度

混交度是采用最早且最简便表达树种空间隔离程度的方法，其表达林分中某一种林木所占的比例。这一指标的起源是 Pielou(1961)提出两个树种之间进行比较的分隔指数，而 von Gadow 和 Hui(2002)在此基础上提出混交度。其目前应用已比较广泛。Aguirre 等(2003)用 50m×50m 的固定样地研究了天然林的混交度；Bettinger 和 Tang(2015)基于物种混交度指数研究了结构导向的森林经营中树木的收获优化；Nouri 等(2017)将混交度应用到决定森林空间结构的最佳地理面积的研究中；Ghalandarayeshi 等(2017)应用混交度表征了丹麦的半自然森林树种的空间格局和林分结构，使得森林管理与保护生物多样性目标一致。我国引入混交度概念(Gadow and Bredenkamp，1992)，也取得了较大的研究进展(安慧君，2003)。汤孟平等(2012)比较分析了不同混交度指数，赵春燕等(2015)主要考虑 K 阶邻近林木的混交度。

4. 角尺度

角尺度描述相邻树木围绕参照树的均匀性，其分布的特征值(即均值)可以反映林分的整体分布情况(惠刚盈，1999)。角尺度应用非常普遍，林分的林木分布格局及其相应的角尺度分布和双相关函数(Stoyan and Penttinen et al.，2000；Penttinen et al.，1992)是林分分布特征的重要体现，通常和混交度、大小比一起应用。von Gadow 和 Hui(2002)用混交度、角尺度和变异性一起表达森林的空间结构和多样性。Pommerening(2006)通过颠倒森林结构分析来评估角尺度等结构指数，并且进行了边缘修正(Pommerening and Stoyan，2006)。Corral-Rivas 等(2010)在比较分析了几种方法的性能后，发现角尺度的分析灵敏度能与 Ripley's L 检验比肩。Ozdemir 和 Karnieli(2011)将角尺度用于以色列旱地森林中使用多光谱图像预测森林结构参数的研究中。王宏翔(2017)、王宏翔等(2014)剖析了角尺度在表达林分结构中的地位，并将其应用于天然林林分空间结构的二阶特征分析中。

5. 林层指数

林层比能反映复层林垂直分布格局，但不能反映空间结构单元中林层结构的多样性(吕勇等，2012)。林层指数改进了林层比的概念，其定义为空间结构单元中表征林层多样性的指标与林层比的乘积，是目前森林的垂直空间结构的重要表达指标。对林层的持续研究为林层指数的形成起到了重要的积极作用。Qian 等(1997)研究了位于加拿大不列颠哥伦比亚省温哥华市的 40 年生老龄林的林下植被多样性。Ramovs 和 Roberts(2003)研究了林下植被和环境对森林的恢复植被和环境的响应。这些研究都是林层指数应用的基础。

近年来垂直结构的研究也更加成熟和深入。关于林层指数的研究较多，吕勇等(2012)对青稠混交林林层结构进行了研究。曹小玉等(2015b)运用林层指数分析了杉木林及其林下灌木的空间结构物种多样性。叶面积指数作为林分经营管理的重要指标，研究也比较广泛。贾小容等(2011)运用叶面积指数分析了 3 种人工林林分的冠层结构与林下光照条件之间的关系。赵安玖等(2014)将遥感和地面调查数据结合，估测了区域森林有效叶面积指数(effective leaf area index，LAIe)，对林分冠层结构做了充分分析。明曙东等(2016)探讨了毛竹天然混交林的林分空间结构特征，认为毛竹混交林的叶面积、叶面积指数均大于纯竹林。此外，水平结构和垂直结构相结合的研究也不断涌现。从林分结构的维度分，零维单木特征指标主要有单木活力、干形、损伤情况、病虫灾害、树冠生长；一维指传统林分特征，包括胸径、树高、冠幅的分布、林分密度、郁闭度等；二维指基于林木位置坐标的特征，包括角尺度、大小比数、混交度、林木竞争指数、林层指数等水平结构或垂直结构；三维指立体空间体系(柴宗政，2016)。

1.2　水土保持功能研究

水土保持功能指在水土保持过程中采用保护和改良人类及其社会赖以生存的自然环境条件的各项措施，并促进区域社会经济发展的综合效用(余新晓等，2008；柳仲秋，2010；冯磊等，2012)。水土保持功能具体包括生物多样性保护功能、涵养水源功能、土壤保持功能(保育土壤功能)、防风固沙功能、蓄水保水功能、防灾减灾功能和农田防护功能等，表征水土保持功能的因子有很多。在黄土高原地区，水土保持功能主要指生态服务功能(主要为生物多样性保护功能)、涵养水源功能、保育土壤功能和拦沙减沙功能(张超等，2016)。

1. 生物多样性保护功能

由水土保持功能的内涵可知其重要功能之一就是生物多样性保护，同时水土保持和生态行业的学者也普遍认为水土保持林具有显著的生态服务功能。有关林分结构和生物多样性之间关系的研究非常多，在水土保持生态服务功能及生态环境科学研究方面占有重要地位。

生物多样性的基础指标主要为多度、密度、盖度、频度及重要值，而相关的指数更丰富，包括物种丰富度及 Gleason 丰富度指数、多样性指数、均匀度指数等，在科学研究中的应用也很多。Pitkänen(1997)研究林分结构和地被物的生物多样性之间的关系，基于森林结构、植被的丰富度及其不同表示对森林进行分类。Derry 等(1999)提出 3 个北极土壤中微生物的功能多样性和群落结构由单一碳源利用决定，这与水土保持功能的关联性极强。Nagaike 等(2003)的研究表明林分结构对植物多样性的影响很大，主要影响不抗扰动森林的下层植物物种和抗扰动的树木物种。孟庆樊研究了人工林生物多样性的因素及保护人工林生物多样性的途径。黄耀(2017)也做了黄土高原的油松人工林生物多样性保护等多功能的评价研究，揭示油松人工林分结构和人工林下生物多样性保护功能的关系。Hemachandra 等(2014)提出生态园内的生物多样性指标，包括多样性指数和均匀度指数等，并且对物种丰富度和多样性指数进行对比，提出了其保护功能。潘声旺等(2015)探讨了绿化植物生活型构成对边坡植被物种多样性及护坡水土保持功能的影响。黄麟等(2015)分析了重点生态功能区生物多样性保护情况，并提出了相应的生态系统结构。可见生物多样性的各项指标能够表征生物多样性保护功能,该功能与林分结构有密切关系。

2. 涵养水源功能

涵养水源也是重要的水土保持功能之一，普遍存在于广泛的区域。森林水文研究起源于森林的降水截持和蒸发蒸腾，以及土壤表层蒸发的研究和测定，之后，日本、美国、俄国等国也相继开始关注水源涵养作用(张宇，2010)。Kittredge(1948)关注了森林对气候、水和土壤的影响，并将研究结论应用于水源保护，以及洪水和土壤侵蚀的控制。Lowrance 等(1997)研究了切萨皮克湾流域河岸林缓冲区的水源涵养和水质保护功能。Calder (2007)研究了森林和水之间的关系，结果表明森林对水源的保持大于消耗。Ferraz 等(2013)主要侧重对森林和种植园景观的管理进行研究，发现它们可以促进水源保护。Portillo-Quintero 等(2015)研究了热带干旱森林对新生物多样性、碳和水保护的作用，并提出了这一过程中可供吸取的经验教训和森林可持续管理的机遇。

近代以来，我国逐步加强了森林水文研究，目前也在林分水源涵养方面取得了显著成效。我国的研究主要集中在林冠层及林下植被截留、枯落物层及土壤层持水等方面。何斌等(2003)认为八角林能改善土壤结构、提高水源涵养功能；时忠杰等(2006)研究了单株华北落叶松树冠穿透降雨的空间异质性，发现较小降雨量时冠层结构是引起穿透雨率空间变异的主要因素，而在降雨量较大时冠层结构的影响减弱；何常清等(2006)的研究表明华北落叶松枯落物覆盖减缓了地表径流流速；赖玫妃等(2007)应用灰色关联分析法确定了针阔混交林的水源涵养功能最强，其次是阔叶林和毛竹林，而灌木林、经济林则最差；张复兴(2008)和魏强等(2008)分别对五台山和大青山不同林分类型开展了调查研究，确定了其水源涵养功能。张建华(2014)认为冀北山地华北落叶松具有很大的水文作用，研究得出其林冠截留率为10.2%，树干茎流率占大气降水量的3.7%，并计算了枯枝落叶层的截留率等。综合国内外的研究现状，林分的涵养水源功能集中体现在林冠截留、枯落物蓄水和表层土渗吸3个方面。

(1)林冠截留

林冠截留从多个角度并以多种方式影响到达地表土壤的有效雨量，对降雨实施第一次阻截和再分配。林冠层的截留容量和附加截留量均较大，可以延缓降雨和产流，从而减缓土壤侵蚀(Bormann and Likens，1979)。Horton(1919)把林冠吸附容量简化为常数，建立林冠截持降雨模型，适用于降雨量大于林冠截持容量的情形。Gash模型(Gash，1979)进一步把林冠截持降雨区分为林冠吸附量、树干吸附量和蒸发引起的附加截留量，对各个分项求和即可估计总的树冠截持量，该模型得到了广泛的应用，且确定该模型中的参数也是研究的热点。Storck等(2002)研究了美国俄勒冈州山区的海洋气候中林冠对积雪的截留及对积雪和融化的影响。方书敏等(2013)对陇中黄土高原油松人工林林冠截留特征进行了模拟，表明林冠截留占总降雨量的22.4%。芦新建等(2014)应用Gash模型对青海高寒区华北落叶松人工林林冠截留进行模拟，观测期间降雨量不小于1mm的25场降雨的林冠截留占总降雨量的23.34%。Attarod等(2015)研究了针叶树对干旱环境下的降雨截留和林冠存储能力的影响。魏曦等(2017)也基于Gash模型对华北落叶松和油松人工林冠层截留进行了模拟。此外，Whelan和Anderson(1996)模拟了样地尺度上穿透雨和林冠截留的空间分布格局，可见林冠截留空间分布也是一个研究焦点。

(2)枯落物蓄水

森林植被枯枝落叶层是森林地表重要的覆盖面和保护层，不仅能为林木生长提供养分，还能增大地表有效糙率，加速吸收和阻滞地表径流并减小径流流速，增强土壤入渗和减少土壤蒸发的储水持水能力，防治溅蚀和增强抗冲能力，改善土壤理化性质及蓄水减沙等，是林分结构的重要组成部分。枯落物还能影响土壤中的水分和养分含量，具有保育水土的功能(Ogée and Brunet，2002)；树木落叶的分布影响植被的组成和生物量(Loydi et al.，2014)。因此其水文效应和涵养林下水源的作用受到了广泛关注。臧廷亮和张金池(1999)确认了森林枯落物涵养水源、强化土壤抗蚀性状、保持水土等方面的功能。易文明等(2011)研究了6种林分的凋落物水文效应，表明凋落物蓄水功能较强。赵晓春(2011)进行相关研究后也认为森林凋落物水文效应明显。

(3)表层土渗吸

表层土壤受森林结构的影响很大，是森林系统中土壤与林分关系最为密切的部分，其水分和养分含量对林木生长有极其重要的作用。表层土渗吸的特征是土壤中水分涵养的重要指标，渗吸能力越大，吸收和阻延的地表径流就越多，能有效减小地表径流平均流速，增加降水入渗，增大土壤的持水量，对于森林水分涵蓄具有重要意义。Dixon(1995)通过水分入渗测量试验，得出了空气-地球界面(AET)的概念，AET的微粗糙度和大孔隙度调节了表面水和被置换的土壤空气的交换条件，说明表层土渗吸对AET和涵养水源的作用很大。李贵玉(2007)研究了黄土区不同土地利用类型的土壤入渗性能,以及入渗对降水的转化。邵方丽等(2012)研究了杨桦次生林表层土壤水分与枯落物的关系和差异,说明其对生态系统的水分循环有重要作用,也对林下的水土保持功能影响较大。Wang等(2016)研究了黄土高原坡地农业土壤对土壤水的渗透作用,也提出坡地表层土渗吸能增加土壤水分,起到水源涵养功能。

3. 保育土壤功能

林分的保育土壤功能是森林生态经营和管理的理论依据。保育土壤主要包括土壤水分和土壤肥力两个方面。国内外诸多学者也非常关注该功能的作用机制。

(1)土壤水分

土壤水分指标主要有土壤含水量、土壤最大持水能力、孔隙度及储水性能、饱和导水率和容重等。纪福利(2008)研究塞罕坝的华北落叶松人工林土壤水分情况,发现各类林地的土壤水分不同,且都有严重旱化现象,其中无林地和皆伐迹地的土壤水分随着土层厚度的增大而上升;张彪等(2008)评估北京的森林水源涵养功能时,应用水量平衡法重点研究了土壤蓄水能力;韩春华等(2012)分析阿什河上游蒙古栎天然林、红松人工林、水曲柳天然林、落叶松人工林的土壤水分涵养能力。

(2)土壤肥力

土壤肥力指标包括微团聚数量、黏粒含量、有机质、全氮、氨氮、硝氮、全磷、速效磷、全钾、速效钾、pH等。康文星和田大伦(2002)研究杉木人工林采伐后导致的各种效益损失,计算出杉木林每年的水源涵养、固土保肥效益,以及改良土壤效益的损失价值;佘济云等(2002)探讨了马尾松-阔叶树混交林林分结构规律,并进一步研究其土壤肥力保育的效应;夏江宝(2004)采用机会成本法研究山地森林不同林分保育土壤的生态服务功能及经济价值;唐效蓉等(2005)认为施肥能提高马尾松天然次生林的土壤有机碳及有机质的含量,也能调节土壤pH,土壤保水保肥性能显著改善;李少宁等(2008)的研究表明北京浅石山区混交林、乔-灌-草结合的配置模式对保育土壤及土壤N、P、K和有机质都有明显的改善作用。

4. 拦沙减沙功能

拦沙减沙是黄土高原最重要的水土保持功能之一。田永宏等(1999)认为影响流域拦沙减沙作用的指标主要有降雨、径流和输沙模数等,也对拦沙减沙作用做了详细分析;胡传银等(2004)也证实了上述指标对蓄水拦沙效益的代表性;康玲玲等(2004)对坡面蓄水拦沙的指标进行了计算,并对指标体系做了评价;Shuai等(2017)对黄土高原边坡的径流和泥沙的减少效益,以及泥沙颗粒的分形特征进行了分析,说明土壤或泥沙颗粒大小对拦沙减沙作用有决定性作用;Nobusawa等(2010)在横滨港用沙盖层的底部沉积物进行实地观察测试,说明径流产沙和沉积物有密切关系;Bao(2011)研究了越南沿海红树林结构对波浪衰减的影响,表明良好的林分结构对径流泥沙的产生有抑制作用。

1.3 林分结构与水土保持功能的关系研究

我国森林植被水土保持功能评价研究在很长时间内都是以单一指标——森林植被覆盖度为主，后逐渐过渡到用指标体系综合评价森林植被水土保持机理的阶段。

刘昌明进行相关分析后得出不同类型森林覆盖率与泥沙量呈指数关系的结论，在森林覆盖率不太大的情况下，其也有突出的减沙效果，其效应基本与流域大小无关(韦红波等，2002)。通用土壤流失方程也考虑了植被类型及植被覆盖度对水土流失的综合影响。王威(2010)分析了北京山区水源涵养林的典型森林类型结构特征，揭示了其结构和功能耦合关系，提出了理想林分结构。杜强(2010)采用近自然林业的研究方法，对 9 个典型林分的更新、林分结构、生物多样性、林冠截留及其水土保持功能进行了研究，并评价了近自然结构与水土保持功能之间的关系。史宇(2011)对侧柏、刺槐、油松、栓皮栎四类北京山区典型优势树种森林生态系统进行了研究，揭示了不同植被各层次的水文过程特征和规律。贾秀红(2013)将 4 类纯林和 4 类混交林作为研究对象，探讨了水土保持林在林分与景观两个层次的结构与功能之间的关系。洪宜聪(2016)探讨了杉木与闽粤栲混交林的林分特征与水土保持功能，说明杉木与闽粤栲以 3∶1 混交的林分结构能有效提高林分的固土保水功能。这些研究表明植被结构与径流、土壤流失等有较强的相关性。

此外，有学者对林分结构和植树造林、固碳固氮(黄笑，2017)、生态恢复等与水土保持相关的多功能也进行了相应研究。可见，应综合研究不同植被类型和结构的水土保持功能差异，当前许多学者也提出了一些综合性指标体系，能较全面地反映植被的结构特性及部分水土保持机理，但观点尚未统一，还需要进一步探索。

1.4 结构方程模型研究

结构方程模型(structural equation model，SEM)是可同时处理多个变量，并得出自然系统中多个因子之间相互关系的一种统计方法(吴明隆，2010)。该模型的初始假设首先要求研究主体具有研究客体的相关经验理论和背景知识，首先设定好参与模型构建的多个因子之间的相互依赖关系；其次运算后得出各因子之间关系的强度，并进行模型拟合和判断，帮助研究主体更全面、客观地认识研究客体乃至整个自然系统蕴藏的深层规律(周健平，2015)。

20 世纪初有关路径分析工作是 SEM 研究的基础(王酉石和储诚进，2011)，传统的经济、教育、心理和社会等学科从不同领域和角度促进了 SEM 的发展，该阶段的主流是 Wrightian 路径分析法，即采用最小二乘法进行的参数估计和路径分析(王树力和周健平，2014)。Wrightian 路径分析法可以将多因子共同作用下的相互关系分解，得出各个因子之间的路径系数，以便揭示这些相互关系的潜在机理和特征，探讨多因子耦合过程中的因子之间的直接和间接效应。SEM 继承了这种特点，能够判断不同因子在同一过程中的相对重要性。20 世纪 70 年代现代 SEM 开始涌现，其开端是现代路径分析与因子分析的结合。SEM 最早被提出的是 Jöreskog 和 Sorbom(1989)，他们将极大似然法应用于模型参数估计及整体拟合分析，并在研究含有多因子的函数同步最大化等方面取得了重要成果。这一时期，协方差结构分析也基本形成。

经典的 SEM 由两个测量模型和一个结构模型构成，模型组成包括外生潜在变量、内生潜在变量、外生观测变量、内生观测变、系数及残差。SEM 带有潜在变量，其因果模型参数估计和假设检验的优势逐渐突显出来(李慧等，2015；楚春晖等，2016；王树力等，2017)。正是在这种背景下，SEM 开始在自然科学领域发展和应用。

Grace (1999) 认为现代 SEM 应包含以下几个方面：回归分析、因子分析、数据统计、模型构建、模型评价及相关软件等，一些学者也将其称为"第二代多元变量分析"方法，与传统统计方法对比有较大优势。现在 SEM 已应用于许多生态学研究中(Grace et al.，2007；Miao et al.，2008；Wang et al.，2016)，主要目的是量化多种因素之间的关系。本质上，SEM 旨在在理论和实验思想之间产生强有力的独特的联系(Grace et al.，2010)。具有解决因果关系和测试竞争模型及理论(而不是无效假设)的能力是 SEM 的优势(Mcleod et al.，2015)。由于其强度和适用性，SEM 一直在进行广泛的环境学和生态学研究(Shipley，2002；Jonsson and Wardle，2010；Lamb et al.，2011a，2011b)。例如，SEM 已被用于评估放牧对生态系统过程的影响(Laliberté and Tylianakis，2012；Chen et al.，2013)；研究土壤因子与木本植被结构和组成之间的关系(Diouf et al.，2012)；研究土壤呼吸对环境因子的敏感性(Matías et al.，2012)；研究土地利用对河流整体性的影响(Riseng et al.，2011)；研究恢复林中植物丰富度的影响因素(Leithead et al.，2012；Capmourteres and Anand，2016)；研究自然景观转变为以人为主的景观(Desrochers et al.，2011)后，与物种丰富度下降的相关关系；研究植物物种丰富度和景观条件与当地环境因素的直接和间接联系(Gazol and Pärtel，2012；Santibáñez-Andrade et al.，2015)；研究林分结构与地形和土壤特性的联系(Wei et al.，2018)。此外，SEM 还被应用于水生生态系统(Pollman，2017)、土壤生态学(Eisenhauer，2015)的研究中，但 SEM 尚未被广泛应用于研究林分结构对水土保持的影响中。

1.5　功能导向型林分结构调控研究进展

自 1998 年以来，中国相继实施了退耕还林、天然林保护等六大林业生态工程，并计划 2020 年比 2005 年增加森林 4000 万 hm^2，旨在通过保护、恢复及重建森林植被，充分发挥森林系统在改善生态环境、减少土地退化、控制水土流失、增加森林碳汇、阻滞和减小 PM2.5 等方面的生态服务功能。通过多年的不懈努力，六大林业生态工程已发挥了巨大的作用。然而，大规模的森林植被建设对水资源和土壤资源的影响也引起了国内外学术界及相关政府部门的广泛关注和高度重视(Sun et al.，2006)。特别是在水土流失严重、水资源匮乏、生态环境脆弱和社会经济落后的黄土高原，大规模的森林植被建设对该地区的水资源安全及区域可持续发展的影响更引人关注。虽然关于林分结构和水土保持功能已有不少研究，但通常是针对一个或几个维度的因子进行研究。毕华兴等(2007)在水分时空分异规律及土壤水分有效性研究的基础上，根据水量平衡原理创建了黄土高原林草植被构建的适宜覆盖度计算模型。张建军等(2007)创建了基于林木生长规律和林水平衡的人工刺槐林和油松林的合理密度模型，并构建了利用胸径计算刺槐、油松林合理密度的动态密度调整模型。黄土高原水土保持当前面临着坡面林分结构调控、适宜覆盖度确立等关键问题，尽管在黄土高原适宜林草覆被率和林分合理密度确定方面已有部分研究成果，然而针对林分结构和水土保持功能之间多因子耦合关系的研究还是较少。

现有研究仅针对水分、养分等几个因子，无法从多角度综合表达区域内林分结构与水土保持功能的多因子、多维度耦合关系。人工林林分水平结构和垂直结构均具有涵养水源、保育土壤、拦沙减沙等功能，但其作用机制往往由多因子共同决定，现有研究尚未实现多目标多角度揭示这种机制。SEM 在国外已经被应用到了心理学、社会学、教育学乃至生态学等诸多领域，中国台湾及香港的一些学者也在 20 世纪 90 年代关注并应用 SEM 解决了一些问题(侯杰泰和成子娟，1999)，但 SEM 在内地的自然科学研究领域应用较少。近年才有越来越多的学者关注、应用 SEM 来分析和解决问题(周健平，2015)，但截至 2018 年也少有学者尝试将 SEM 应用于水土保持研究领域。

本书拟以黄土高原区域内吉县蔡家川的坡面成熟人工林(包括刺槐林、油松林和刺槐-油松混交林)为研究对象，并对照山杨-栎类次生林的情况，依托山西吉县森林生态系统国家野外科学观测研究站，选定标准样地开展调查和进行实验，以及采集实验数据。采用 SEM 量化表达人工林林分结构与水土保持功能的关系，揭示林分的水平结构和垂直结构对涵养水源、保育土壤等功能的作用机制，旨在解决黄土高原坡面林分结构调控、适宜覆盖度确立等关键问题，为黄土高原林业生态工程建设提供技术支撑，并为黄土高原森林植被与水资源和水土保持的协调管理提供理论依据。

第 2 章　黄土高原地区概况

2.1　自然概况

　　黄土高原西高东低，陇中黄土高原海拔一般 1800～2000m，部分山岭高于 3000m；陇东黄土高原海拔一般 1400～1600m；陕北黄土高原海拔一般 1200～1400m；高原内沟谷纵横。高原以西，山脉走向以北西向为主，主要有拉脊山、祁连山和南华山等；中部和东部多为中型山，南北走向分布，有六盘山、子午岭和吕梁山等。黄河干流自兰州进入黄土高原后，蜿蜒曲折，流路多变，并汇集了众多支流。陇中黄土高原上的支流在黄河两岸不对称，呈直角状分布，陇东和陕北黄土高原支流密度大，黄河两岸均有分布，支流多呈树枝状。

　　黄土高原属于半干旱大陆性季风气候区，冬季由较强的西伯利亚高压冷气团控制，西北风盛行，气候寒冷，雨雪稀少。夏季受太平洋和印度洋低槽的影响，盛行东南、西南季风，雨水增多。受纬度和区域地形及环境的影响，黄土高原降水量地区差异很大，多年平均降水量从西北向东南呈递增趋势。降水量的年际变化一般较大。黄土高原降水量年际变化有一定的周期性，一般丰水年与枯水年以 4～7 年到 6～8 年为周期交替出现。由于受大陆性季风气候的影响，黄土高原年内降水量丰、枯季节也十分明显，雨季多集中在 7～9 月，这种丰、枯季节的差别越往北越明显。除了雨季集中的特点以外，春旱是黄土高原地区另一显著气候特点。每年 2～3 月降水量仅占全年降水量的 3%～6%，会出现地表干裂、土层剥落、沟壁张裂的现象。黄土高原降水高度集中，多以暴雨形式降落，一年中仅几次大暴雨的量就可能为全年降水量的 50% 以上。

　　黄土高原的植被具有水平方向和垂直方向分带的特点。受气候的地带性影响，黄土高原的植被自南向北依次分布着暖温带落叶阔叶林带、温带草原带和温带荒漠带等大的植被带类型。垂直分带类型基本上是由山麓的草原灌丛带向山上过渡为针阔叶混交林带到针叶(或阔叶)林带，直到亚高山(或高山)草甸(草原)带，另外阴坡和阳坡的植被类型也有很大差别。

　　人类的生活规模和活动范围不断扩大，如大规模地砍伐丘陵山区的森林，大面积垦荒放牧，不仅对河谷平原区的自然环境造成了严重破坏，也对黄土丘陵、沟壑侵蚀产生了极大的影响。人口的大幅度增加给土地的承载带来了沉重的压力。大规模林木砍伐，大面积垦荒，连年广种薄收，越种越薄收越贫穷的恶性循环，使黄土高原区自然资源的供求关系严重失去平衡，加剧了水土流失和土地荒漠化的进程。

　　研究区域所在地吉县位于山西省西南部，黄河中游东岸，属于黄土高原半湿润地区，地理坐标为 110°27′～111°7′E，35°53′～36°21′N。吉县东西长 62km，南北宽 48km，总面积为 1777.26km²。境内三面环山，一面滨水，海拔最高 1820.5m，最低 393.4m，属于黄土高原残塬沟壑区和梁峁丘陵沟壑区(晋西黄土区)。境内气候四季分明，光照充足，日照时数为 2538h，大于 10℃的有效积温为 3361.5℃。无霜期年平均 172d，年均气温为 10.2℃，年均日较差为 11.5℃，年均降水量为 522.8mm 且分配不均。该区域属于暖温带大陆性气候，森林植物地带处于暖温带半湿润地区，褐土，落叶阔叶林带。吉县有较丰富的土地资源，其中耕地 39 万亩、林地 195 万亩(森林覆盖率 45%)、天然牧坡牧草和人工草地约 27 万亩。

2.2　社会经济状况

　　黄土高原处于干旱到半湿润地区。年降水量大于 400mm，发展旱作农业基本可行；其他降水量较少的地区旱作农业不稳定或必须灌溉才能发展。同时，土壤侵蚀较严重，沟谷密度达 3～6km/km²。沟谷溯源侵蚀、河流凹岸被冲、重力滑坡、崩塌、泻溜等现象不断发生，蚕食土地。黄河年均输沙量为 16 亿 t，黄土高原地区 55 万 km²的土壤侵蚀面积上平均每年被剥蚀约 3mm 厚的黄土。土壤退化，肥力衰退，严重影响农业生产。黄土高原地区 60%是坡耕地，易发生水土流失，肥沃的表土丧失殆尽。据估算，黄土高原地区每年流失的土壤有机质达 1800 万 t，氮素 154 万 t，仅氮素折合成尿素化肥 335 万 t，相当于全区全年的化肥用量。土壤贫瘠，保水、保肥能力下降，因而农业低产(坡耕地亩产仅几十斤[①])，三料俱缺，陷入"越垦越穷、越穷越垦"的恶性循环中。严重影响能源重化工业基地的建设。地区面上污染不严重，但局部工业城市及矿区污染严重。黄土高原地区工业三废污染主要集中在一些工业城市，如兰州、太原、西安。地表水以有机污染为主，局部地区为重金属污染，黄土高原地区能源重化工基地兴起，单位工业产品产值的三废排放量大。近年来，黄土高原实施了"三北工程"、水土保持治理工程等，在大力发展生态经济型防护林体系的基础上，合理引水、充分保水、有效节水、高效用水，大力推广以抗旱造林为核心的径流林业技术，把土地利用结构调整与建立合理的产业结构、完善农民收入结构结合起来，环境状况得到了改善，社会经济状况也随之好转。

　　吉县是中国山西省临汾市下辖县，位于山西省西南部、吕梁山南端，隔黄河与陕西省相望。至 2013 年吉县辖 3 个镇 5 个乡，79 个行政村，567 个自然村，10.45 万人，是国家扶贫开发工作重点县，县政府驻城关镇。现有耕地的主要农作物有小麦、谷子、玉米、豆类、高粱等；也覆盖有较大规模的林木生产区；工业主要有煤矿、化肥、农修、毛毯、铁木、缝纫等。吉县被命名为"中国苹果之乡"，盛产优质苹果，被誉为"中华名果"，年产优质苹果 18 万 t。东城、文城等乡镇出产的绿豆、大豆、花生等小杂粮也远销海内外。吉县地理区位优势明显，地处晋陕豫"黄河金三角"中心位置，地处军事要冲，有"兵家必争之地"之说，且素有"秦晋通衢"之称。吉县县城距离陕西省西安市 250km，

---

① 1 斤 = 0.5kg。

距离河南省郑州市 290km，距离山西省太原市 253km。吉县历史文化悠久，20000 多年前就有人类繁衍生息，2600 多年前就有建制。吉县旅游资源丰富，位于其西侧的黄河流经晋陕峡谷，境内有天下第一黄色瀑布——黄河壶口瀑布，景色壮观；还有抗日战争时期第二战区长官司令部和山西省政府旧址克难坡、人类始祖婚育文明发祥地人祖山等自然人文景观 40 余处。吉县生态环境优美，森林覆盖率高，且全年二级以上天数在 330d 以上，是全国生态建设示范县、全国造林绿化百佳县。吉县能源储量丰富，煤炭、煤层气、风能、太阳能、生物质能等资源丰富，是开发风力发电、光伏发电、生物质发电等新能源产业的理想之地。

2.3　蔡家川流域基本概况

蔡家川流域地处吉县境内，有嵌套流域结构，地理坐标为 110°40′～110°48′E，36°14′～36°18′N，流域海拔 904～1592m，平均值为 1168m，自西向东走向，主沟长 12.15km，面积为 38km²。经过多年的观测和研究，发现年潜在蒸发量为 1723.9mm，区域内各林分的蒸腾年耗水量有季节变化，其中刺槐和油松的年蒸腾量较接近，但明显大于次生林中的山杨和辽东栎（郭宝妮，2013）。

蔡家川流域气候、水文、土壤等自然环境与吉县整体一致，流域上游为土石山区，多为天然次生林植被；中下游为黄土丘陵沟壑区（潘迪，2014），以不同时期营造的人工防护林、封山育林的次生林草植被和农田为主。森林覆被率为 72%，种子植物 188 种（包括 8 个变种），分属 48 科 136 个属，其中双子叶植物 42 科 109 属 154 种，其余为单子叶植物。

蔡家川流域在黄土高原较大尺度的流域中具有极好的代表性，以刺槐林、油松林、刺槐-油松混交林为主，主要代表人工林生态系统。蔡家川流域为山西吉县森林生态系统国家野外科学观测研究站（简称吉县站）所在地，实验条件良好。吉县站具有不同土地利用/覆盖的试验流域 12 个（流域出口均有现代化测流堰及水沙自动采样与定位观测仪器设备），常规小气候观测站两个、林草植被固定标准样地 30 个，径流观测场 23 个。流域各类人工营造的试验林面积为 1000hm²。流域内农业人口少，能够满足长期开展森林生态、植被演替、人工林经营管理研究的要求。蔡家川流域主沟道出口设有测流堰，并且设置了 6 个具有代表性的不同土地利用/覆盖小流域的嵌套流域，包括次生林流域、半次生林半人工林流域、封禁流域（已封育 40 余年）、人工林流域、半农半牧流域、农地流域（茹豪，2015），形成了一套完整的由不同土地利用/覆盖及其植被类型组成的森林水文泥沙过程的定位观测研究系统。另外，该流域的部分支沟内布设有水土保持综合措施体系，能够开展水土保持研究。经过多年建设，试验场地较为完善和固定，具有各项观测配套和备用设施。试验场基地邻近国道，交通十分便利，用于定位观测研究的各流域量水堰均已建设公路，观测时交通非常方便，沟道中的浆砌石或钢筋混凝土过水路面风雨无阻，可以从试验场基地开车到达各个观测点。蔡家川流域具有完善的基础设施，基本情况如

图 2-1 所示。

蔡家川流域植被

人工刺槐林

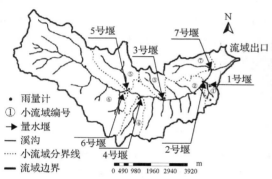

吉县站径流观测

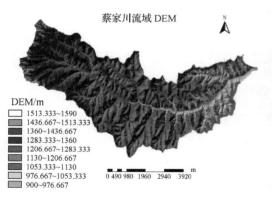

蔡家川流域 DEM

径流小区

图 2-1　蔡家川流域概况

　　蔡家川流域作为晋西黄土区人工植被研究区域，具有较强的代表性，有利于研究成果在晋西黄土区乃至整个黄土高原的推广。因此，本书将蔡家川的刺槐林、油松林及刺槐-油松混交林作为研究对象，对该地区的人工林林分结构和水土保持功能耦合关系进行探索。

第3章 研究内容与方法

3.1 研 究 内 容

3.1.1 研究目标

研究黄土高原的刺槐林、油松林和刺槐-油松混交林的林分结构及水土保持功能，提出水土保持功能导向的结构和功能指标体系，为黄土高原的水土保持工作提供理论依据。

根据区域水土保持功能的优化理论，提出与其对应的林分结构适宜调控因子，借助SEM 分析不同林分结构与水土保持功能的多因子耦合关系，提出水土保持功能导向型的林分结构调控和优化措施配置，为黄土高原林分密度调控关键技术问题的解决，以及黄土高原林分结构改造和水土保持的协调管理提供参考依据。

3.1.2 研究内容

1. 刺槐林、油松林及刺槐-油松混交林的林分结构特征

1) 分别确定刺槐林、油松林、刺槐-油松混交林和次生林的林分结构显著影响因子。
2) 探究不同人工林和对照的山杨-栎类次生林林分结构特征及差异性。

2. 刺槐林、油松林及刺槐-油松混交林的水土保持功能特征

1) 提出黄土高原区的水土保持功能因子；
2) 分析不同的人工林及对照的山杨-栎类次生林的水土保持功能特征。

3. 采用 SEM 表达不同林分结构与水土保持功能之间的耦合关系

1) 研究影响林分结构和水土保持功能的关键因子，将关键因子作为观测变量，并对拟参与建模的观测变量进行信度检验和效度分析，通过检验筛选可用于模型构建的确定的数据；
2) 将林分结构确定为模型的外生潜在变量；
3) 将黄土高原区的主要水土保持功能类型确定为模型的内生潜在变量；
4) 按照 SEM 进行模型假设，对不同林分结构与水土保持功能耦合关系的初始模型拟合、识别、参数进行估计和评价；
5) 根据因子之间的相关性和初始模型参数值对模型进行修正，确定适配度高的SEM；
6) 在适配模型的基础上，定量解析不同林分结构与水土保持功能之间的耦合关系。

4. 提高区域水土保持功能的林分结构优化措施配置方式

1) 确定提高水土保持功能的林分结构适宜调控因子的优化目标；
2) 提出不同林分结构优化措施配置方式；
3) 提出区域内林分结构优化的总体模式建议。

3.2　研　究　方　法

3.2.1　标准样地设置

实验区位于山西省吉县蔡家川流域。选取刺槐林、油松林、刺槐-油松混交林，并对照山杨-栎类次生林开展样地调查。综合考虑区域内的不同林分类型分布情况、林分密度和地形因素的普遍性和代表性，分别根据不同密度、坡度、坡向、海拔等，分别设置 1～3 个 20m×20m 的标准样地。同时选取区域内典型次生林，设置 20m×20m 的标准样地作为对照。流域内刺槐林林分数量较多，油松林、刺槐-油松混交林数量较少，标准样地设置遵循流域中各林分的总体比例，分别为 48 个刺槐林、25 个油松林和 24 个刺槐-油松混交林，以及 12 个次生林林分，各人工林分的样地数量均达到 SEM 建模阈值。

样地内分上、中、下坡位，每个标准样地中的不同坡位分别随机设置 1 个 5m×5m 的灌木样方、1 个 1m×1m 的草本样方和 1 个 30cm×30cm 的枯落物样方。2016～2017 年 7～9 月连续两年分别调查每个样地内乔木、灌木和草本植物的生物量、种类、郁闭度、盖度等常用生态学指标和枯落物相关指标。同时采集植被和土壤样品，并记录样地的坡度、坡向、坡位、坐标、海拔等地形地理信息。样地基本信息见表 3-1。

表 3-1　样地基本信息

样地编号	坡度/(°)	坡向	海拔/m	林分密度/(株/hm²)	郁闭度
刺槐林 1	26	阴坡	1140	500	0.49
刺槐林 2	25	半阳坡	1110	600	0.57
刺槐林 3	26	阴坡	1140	700	0.63
刺槐林 4	30	阳坡	1210	800	0.54
刺槐林 5	24	半阳坡	1170	900	0.71
刺槐林 6	39	半阴坡	1160	900	0.61
刺槐林 7	25	半阳坡	1110	1000	0.54
刺槐林 8	26	阳坡	990	1100	0.77
刺槐林 9	39	半阴坡	1160	1100	0.51
刺槐林 10	15	半阴坡	1100	1200	0.65
刺槐林 11	15	半阴坡	1160	1200	0.57
刺槐林 12	22	半阴坡	1190	1200	0.47
刺槐林 13	20	半阴坡	1130	1300	0.51
刺槐林 14	33	阳坡	1160	1300	0.76

样地编号	坡度/(°)	坡向	海拔/m	林分密度/(株/hm²)	郁闭度
刺槐林 15	22	半阴坡	1020	1300	0.63
刺槐林 16	30	阳坡	1210	1400	0.62
刺槐林 17	33	阳坡	1160	1400	0.71
刺槐林 18	24	半阴坡	1140	1400	0.67
刺槐林 19	22	半阴坡	1180	1500	0.53
刺槐林 20	33	阳坡	1160	1500	0.67
刺槐林 21	25	半阴坡	1120	1600	0.81
刺槐林 22	34	阴坡	1220	1600	0.69
刺槐林 23	22	半阴坡	1190	1600	0.41
刺槐林 24	16	半阴坡	1150	1600	0.47
刺槐林 25	15	半阴坡	1100	1700	0.71
刺槐林 26	20	半阴坡	1130	1700	0.56
刺槐林 27	34	阴坡	1220	1700	0.58
刺槐林 28	34	阴坡	1220	1800	0.63
刺槐林 29	22	半阴坡	1190	1800	0.44
刺槐林 30	23	阴坡	1180	1900	0.73
刺槐林 31	30	阳坡	1210	2100	0.57
刺槐林 32	22	半阴坡	1180	2100	0.45
刺槐林 33	27	半阴坡	1190	2200	0.70
刺槐林 34	20	半阴坡	1130	2300	0.59
刺槐林 35	31	半阳坡	1190	2300	0.66
刺槐林 36	22	半阳坡	1120	2300	0.72
刺槐林 37	34	阴坡	1220	2400	0.65
刺槐林 38	21	半阳坡	1190	2400	0.66
刺槐林 39	15	半阴坡	1120	2500	0.64
刺槐林 40	27	半阴坡	1190	2500	0.55
刺槐林 41	15	半阴坡	1120	2600	0.58
刺槐林 42	26	阳坡	990	2700	0.64
刺槐林 43	25	半阴坡	1120	2800	0.70
刺槐林 44	23	阴坡	1180	2900	0.58
刺槐林 45	31	半阳坡	1190	3000	0.68
刺槐林 46	31	半阳坡	1190	3200	0.63
刺槐林 47	15	半阴坡	1120	3400	0.69
刺槐林 48	22	半阳坡	1120	3500	0.79
油松林 1	30	半阳坡	1150	600	0.58
油松林 2	28	半阳坡	1140	600	0.78

续表

样地编号	坡度/(°)	坡向	海拔/m	林分密度/(株/hm²)	郁闭度
油松林 3	28	半阳坡	1140	600	0.78
油松林 4	30	半阳坡	1150	700	0.66
油松林 5	30	半阳坡	1150	700	0.63
油松林 6	30	半阳坡	1150	700	0.66
油松林 7	30	半阳坡	1150	800	0.61
油松林 8	26	半阴坡	1150	900	0.61
油松林 9	35	阴坡	1130	1100	0.82
油松林 10	35	阴坡	1130	1100	0.74
油松林 11	28	半阳坡	1140	1100	0.81
油松林 12	35	阴坡	1130	1100	0.74
油松林 13	28	半阳坡	1140	1100	0.81
油松林 14	35	阴坡	1130	1200	0.77
油松林 15	26	半阴坡	1150	1200	0.54
油松林 16	26	半阴坡	1150	1200	0.54
油松林 17	26	半阴坡	1150	1300	0.64
油松林 18	26	半阴坡	1150	1300	0.64
油松林 19	35	阴坡	1130	1400	0.87
油松林 20	35	阴坡	1130	1400	0.87
油松林 21	28	半阳坡	1140	1600	0.71
油松林 22	26	半阴坡	1150	1600	0.59
油松林 23	28	半阳坡	1140	1600	0.71
油松林 24	28	半阳坡	1140	1800	0.76
油松林 25	28	半阳坡	1140	1800	0.76
刺槐-油松混交林 1	23	半阴坡	1120	1000	0.75
刺槐-油松混交林 2	23	半阴坡	1120	1000	0.71
刺槐-油松混交林 3	18	半阳坡	1110	1100	0.73
刺槐-油松混交林 4	18	半阳坡	1110	1100	0.71
刺槐-油松混交林 5	23	半阴坡	1120	1500	0.66
刺槐-油松混交林 6	23	半阴坡	1120	1500	0.69
刺槐-油松混交林 7	18	半阳坡	1110	1600	0.68
刺槐-油松混交林 8	21	阴坡	1130	1600	0.79
刺槐-油松混交林 9	18	半阳坡	1110	1600	0.68
刺槐-油松混交林 10	21	阴坡	1130	1600	0.79
刺槐-油松混交林 11	23	半阴坡	1120	1700	0.77
刺槐-油松混交林 12	23	半阴坡	1120	1700	0.81
刺槐-油松混交林 13	18	半阳坡	1110	1900	0.78

样地编号	坡度/(°)	坡向	海拔/m	林分密度/(株/hm²)	郁闭度
刺槐-油松混交林 14	18	半阳坡	1110	1900	0.79
刺槐-油松混交林 15	18	半阳坡	1110	2000	0.73
刺槐-油松混交林 16	18	半阳坡	1110	2000	0.75
刺槐-油松混交林 17	23	半阴坡	1120	2300	0.70
刺槐-油松混交林 18	23	半阴坡	1120	2300	0.72
刺槐-油松混交林 19	21	阴坡	1130	2900	0.81
刺槐-油松混交林 20	21	阴坡	1130	2900	0.85
刺槐-油松混交林 21	21	阴坡	1130	3400	0.87
刺槐-油松混交林 22	21	阴坡	1130	3400	0.89
刺槐-油松混交林 23	21	阴坡	1130	4400	0.87
刺槐-油松混交林 24	21	阴坡	1130	4400	0.85
山杨-栎类次生林 1	45	半阴坡	1060	600	0.67
山杨-栎类次生林 2	35	阴坡	960	700	0.55
山杨-栎类次生林 3	35	阴坡	960	900	0.59
山杨-栎类次生林 4	45	半阴坡	1060	900	0.68
山杨-栎类次生林 5	35	阴坡	960	1100	0.64
山杨-栎类次生林 6	32	阴坡	1060	1400	0.67
山杨-栎类次生林 7	45	半阴坡	1060	1400	0.63
山杨-栎类次生林 8	45	半阴坡	1060	1600	0.71
山杨-栎类次生林 9	35	阴坡	960	1900	0.61
山杨-栎类次生林 10	32	阴坡	1060	2000	0.62
山杨-栎类次生林 11	32	阴坡	1060	2500	0.59
山杨-栎类次生林 12	32	阴坡	1060	2600	0.56

3.2.2　资料收集

　　气象、地质地貌及相关研究成果等需要通过资料查阅和收集整理等方法获取。主要包括气温、降雨、光照、蒸发、蒸腾等对林分结构影响较大的气象因子的多年平均值和蔡家川的地质地貌变化等背景资料,以及目前已开展和发表的水土保持功能相关研究成果。

3.2.3　外业调查和数据预处理

1. 样地基本信息测定

　　用罗盘测定每个标准地的坡度、坡向因子,皮尺测量坡长,手持 GPS 测定经纬度坐标和海拔等地形因子,并记录到样地调查表的地形因子栏中。

2. 林分结构分析

采用样地调查的每木检尺方法确定各林分结构指标,主要包括:用观察法确定刺槐、油松等林分的树种组成(刺槐纯林、油松纯林、刺槐-油松混交林 3 类人工林和山杨-栎类次生林)、株数、林龄、幼树更新情况;采用投影法测量郁闭度;用胸径尺测量样地内每木的胸径;用树高仪测定树高;用钢卷尺测量枝下高;用皮尺测量冠幅(东西冠幅×南北冠幅)和乔木的株行距;用植被冠层分析仪 LAI-2000 测定叶面积指数;用称重法测定材积量、植被的干重和鲜重等生物量,以及叶片的蒸腾速率和蒸发量等乔木层的指标;土壤蒸发用原状土称重法测定;调查林下灌木的种类、高度、地径、分布状况和生长状况;调查林下草本的种类、高度、分布状况和生长状况等。

在调查的基础上,计算如下林分结构指标。

(1)林分密度的计算

林分密度是表征林分结构的基本指标之一,本书以 20m×20m 标准样地为调查面积,采用观察法确定样地内的乔木株数,使用如下经验公式计算确定:

$$林分密度=株数/调查面积×10000 \tag{3-1}$$

式中,林分密度单位为株/hm²,调查面积单位为 m²(曹恭祥等,2014)。

(2)混交度的计算

混交度(M_i)表明混交林中树种空间隔离程度,其定义是参照树 i 的 n 株最近相邻木中与参照树不属于同种的个体所占比例,用如下公式表示。

$$M_i = \frac{1}{n}\sum_{i=1}^{n} v_{ij} \tag{3-2}$$

式中,v_{ij} 的含义为:当参照树 i 与第 j 株相邻木非同种时,v_{ij}=1;反之,v_{ij}=0(惠刚盈和胡艳波,2001),属于离散性的变量。混交度的范围为 $0 \leq M_i \leq 1$。M_i=0 表示参照树 i 的周围 n 株相邻木与参照树属于同一树种;M_i=1 则表示参照树 i 的周围 n 株相邻木与参照树属于不同树种(李纪亮,2008)。

(3)大小比数的计算

大小比数(U_i)也是应用广泛的林分结构指标,其定义是大于参照树的相邻木数占所调查的全部最近相邻木的比例,用如下公式表示:

$$U_i = \frac{1}{n}\sum_{j=1}^{n} k_{ij} \tag{3-3}$$

式中,若相邻木 j 比参照树 i 小,k_{ij}=0;否则,k_{ij}=1。大小比数值(U_i)越低,说明比参照树大的相邻木越少(惠刚盈等,1999)。

(4) 角尺度的计算

角尺度 (W_i) 的定义是 a 角小于标准角 a_0 的个数占所考察的最近相邻木 (n) 的比例。用如下公式表示：

$$W_i = \frac{1}{n} \sum_{j=1}^{n} z_{ij} \qquad (3\text{-}4)$$

式中，当第 j 个 a 角小于标准角 a_0，$z_{ij}=1$；否则 $z_{ij}=0$。考虑到适用于人工林的特殊性，采用了 $n=4$（惠刚盈，1999）。所以对围绕参照树最近的 4 棵相邻树的分布予以考虑。

(5) 林木竞争指数的计算

与距离有关的林木竞争指标众多，其中最经典且应用广泛的是 Hegyi（1974）提出的简单竞争指数模型（Hegyi，1974），用如下公式表示：

$$CI_j = \sum_{i=1}^{N}(D_i / D_j) \times \frac{1}{L_{ij}} \qquad (3\text{-}5)$$

式中，CI_j 为对象木 j 的竞争指数；D_j 为对象木 j 的胸径；D_i 为竞争木 i 的胸径；L_{ij} 为对象木 j 与竞争木 i 之间的距离；N 为竞争木的株数（周隽和国庆喜，2007）。

(6) 林层指数的计算

林层指数 (S_i) 被定义为乔木层参照木的 n 株邻近木中与参照木不属于同一层的林木所占的比例与空间结构单元内林层结构多样性的乘积（曹小玉等，2015a），用如下公式表示：

$$S_i = \frac{Z_i}{3} \frac{1}{n} \sum_{j=1}^{n} S_{ij} \qquad (3\text{-}6)$$

式中，S_{ij} 取值为：当中心木 i 与第 j 株邻近木不属于同一层时，$S_{ij}=1$；当中心木 i 与第 j 株邻近木在同一层时，$S_{ij}=0$，为离散性变量。Z_i 为中心木 i 的空间结构单元内林层的个数；n 为邻近木的株数；林分的林层指数越大，表明林分在垂直方向上的成层性越复杂（吕勇等，2012；曹小玉等，2015b）。

3. 涵养水源指标的测定

(1) 林冠截留

大气降水经过森林冠层后，形成林冠截留、穿透雨与树干径流 3 种不同形式的降水，在野外测量时，对林外降雨、林内降雨和树干径流进行监测，基于水量平衡计算出实测的林分林冠截留量。

$$林冠截留量=大气降水（林外降雨）-穿透雨（林内降雨）-树干流 \qquad (3\text{-}7)$$

式中，林冠截留量的单位为 mm。

林冠截留量的实验布设如下：在林外空旷地设置 3 个自计式雨量筒监测大气降水；

在每个标准地内随机设置 3 个集水槽，出水口连接自计式雨量筒测量穿透雨；选取 3 棵标准木设置树干流集水装置并连接自计式雨量筒测量树干流。

（2）枯落物蓄水量

野外测量枯落物蓄水量，其方法是在样地上、中、下坡位处随机选取 30cm×30cm 的样方调查枯落物层。分别收集样方内未分解层和半分解层的枯落物，现场称重得到样地枯落物现存量，并带回收集的枯落物，用烘干法测定枯落物自然含水量，同时开展枯落物持水实验，用室内浸泡法测定枯落物持水量，观察持水过程，并绘制持水过程曲线。

$$枯落物现存量(t/hm^2)=［未分解枯落物重(kg/m^2)+半分解枯落物重(kg/m^2)］×10 \quad (3\text{-}8)$$

$$自然含水量=(鲜样重-烘干重)/鲜样重×100\% \quad (3\text{-}9)$$

$$枯落物最大持水量=鲜重-烘干重；最大持水率=鲜重/烘干重×100\% \quad (3\text{-}10)$$

$$持水速度=持水量/浸水时间 \quad (3\text{-}11)$$

（3）基于水量平衡的表层土壤稳定入渗率

表层土壤的稳定入渗率是衡量土壤入渗能力的基础，其与林分类型和结构采用双环入渗法测定（胡顺军等，2011）。

$$稳定入渗率=达到稳定入渗后的渗水量/所占地表面积/时间$$
$$=达到稳定入渗后双环内环的入渗水高度/时间 \quad (3\text{-}12)$$

式中，稳定入渗率单位为 cm/s 或 m/h。

4. 土壤理化性质的外业测定

土壤理化性质指标能反映保育土壤功能，对大多使用风干土过筛的样品进行实验室测定。外业调查主要确定枯落物现存量、土壤容重、孔隙度、土壤含水率、土壤持水能力等。主要运用环刀法分三层（0～20cm、20～40cm、40～60cm）取样，用烘干法称重测定后计算得到。

1）土壤容重(g/cm³)=(环刀干土重-环刀重)/环刀容积 　　(3-13)

2）土壤孔隙度：

非毛管孔隙度(%)=(最大持水量-毛管持水量)×容重 　　(3-14)

毛管孔隙度(%)=毛管持水量×容重 　　(3-15)

总孔隙度(%)=非毛管孔隙度+毛管孔隙度 　　(3-16)

3）土壤含水量(重量)(%) $= \dfrac{(湿水重+盒重)-(干土重+盒重)}{(干土重+盒重)-盒重}×100\%$

$$= 水分重/干土重×100\%(常用) \quad (3\text{-}17)$$

4)土壤含水量(体积) $= \dfrac{\text{土壤含水量(重量百分数)}\times \text{容量}(g/cm^3)}{1(g/cm^3)}$ (3-18)

$= \text{水分体积}/\text{土壤体积}\times 100\%$

(注：水的容重一般取 $1g/cm^3$)

5)持水能力：

最大持水量(%) = (浸水 12h-环刀干土重)/(环刀干土重-环刀重)×100 (3-19)

最小持水量(%) = (置沙 48h 重-环刀干土重)/(环刀干土重-环刀重)×100 (3-20)

5. 拦沙减沙指标的测定

林分的拦沙减沙功能主要体现为对径流的阻滞和对泥沙的拦截两个方面，需要通过在野外裸地和选定的样地内设置垂直投影长 20m，宽 5m 的标准径流小区，使用自计式水位计观测确定样地内、外的径流情况，将集流桶中收集的径流泥沙混合物过滤烘干后，测定样地内、外的径流携带泥沙情况，进行比较后确定林分在降雨后径流产流过程中的拦沙减沙量。

(1)径流指标测定

径流小区水位、水池面积、三角堰出水口的水流以一次降水过程为单位，测定逐次降水的径流历时、径流量。布设集水槽、分流桶、集流桶和虹吸式自记雨量计等设备测定径流小区的径流量。

$$R = \frac{1}{4}\pi r^2 h$$ (3-21)

式中，R 为径流泥沙体积(m^3)；r 为集流桶半径(m)；h 为集流桶内径流泥沙混合溶液的深度(m)。

当泥沙浓度不大时：

$$\text{径流量} = R$$ (3-22)

当侵蚀剧烈，集流桶内泥沙淤积厚度较大时：

$$\text{径流量} = R - R_{泥沙}$$ (3-23)

(2)泥沙指标测定

将上述实验集流桶中采集到的径流泥沙混合物摇匀，用 500ml 取样瓶取样并带回实验室。摇动数次带回的水沙样，让样品充分混合后用称重后的合适大小的滤纸过滤，完成过滤后将带有泥沙的滤纸在 105℃下烘干称重，计算出泥沙含量。

泥沙重：

$$G = G_{带沙滤纸} - G_{滤纸}$$ (3-24)

含沙量：

$$\alpha = G/500$$ (3-25)

泥沙总量:

$$S_T = 1000\alpha R \tag{3-26}$$

式中,G 为取样瓶中的泥沙量(g);α 为含沙量(g/ml);S_T 为径流小区(kg)。

此外,通过搜集文献,对蔡家川的径流量和泥沙量进行历史数据(张建军等,2007)的插值和推算,替代实测数据。

3.2.4 室内实验和数据预处理

将自然风干的土样过筛后,带回实验室开展室内实验。

1. 土壤有机质的测定

使用重铬酸钾稀释热法。土样过 0.25mm 筛后经称样、消化和滴定,测定土壤有机碳和有机质含量:

$$有机碳(\%) = \frac{\dfrac{0.2000 \times 6 \times 10}{V_0}(V_0 - V) \times 0.003 \times 1.33}{风干土样重} \times 100 \tag{3-27}$$

$$有机质(\%) = 有机碳(\%) \times 1.724 \tag{3-28}$$

2. 土壤中总氮和总磷的测定

土样过 0.15mm 筛后经称样、消解等前处理,配置试剂和标准溶液后,使用全自动化学分析仪"SmartChem-200"(AMS-Westco 牌),上机测定总氮(TN)和总磷(TP)含量,单位为 g/kg。

3. 土壤中速效氮和速效磷的测定

速效氮包括氨氮(NH_3-N)和硝氮(NO_3-N)。土样过 0.15mm 筛后经称样、浸提等前处理,配置试剂和标准溶液后,使用全自动化学分析仪"SmartChem-200"(AMS-Westco 牌),上机测定氨氮、硝氮和速效磷(AP)含量,单位为 mg/kg。

4. 其他指标的计算和处理

土壤的其他物理化学性质通过文献资料查阅,用来辅助确定研究结论。

3.2.5 SEM 的建模方法

使用现有的经验理论和实测数据,预处理后量纲标准化,经特征分析、相关分析、成分分析及信度检验和效度分析后进行 SEM 建模。SEM 是结合了因果分析和路径分析两类统计方法的探索多个因素之间关系的多维度分析方法,能够探究观测变量、潜在变量及两类变量的残差之间的关系,以便定量化描述自变量对因变量的影响,包括直接影响、间接影响和总影响(王树力和周健平,2014)。经典的 SEM 公式如下:

$$X = \Lambda x \xi + \delta \tag{3-29}$$

$$Y = \Lambda y \eta + \varepsilon \tag{3-30}$$

$$\eta = B\eta + \Gamma \xi + \xi \tag{3-31}$$

式 (3-29) 和式 (3-30) 为测量模型，用于描述潜在变量与观测变量之间的关系。式中，X 为外生观测变量向量；Y 为内生观测变量向量；Λx 和 Λy 为指标变量 (X, Y) 的因素负荷量；δ 和 ε 为外生观测变量与内生观测变量的测量误差；ξ 为外生潜在变量；η 为内生潜在变量。

式 (3-31) 为结构模型，反映各潜在变量之间的关系。式中，B 为内生潜在变量之间关系的结构系数矩阵；Γ 为内生潜在变量与外生潜在变量之间关系的结构系数矩阵；ξ 为结构模型中的干扰因素或残差值 (吴明隆, 2010；王树力等, 2017)。

本书将构建和率定刺槐林、油松林、刺槐-油松混交林等不同人工林分结构与水土保持功能耦合的机理和过程模型——协方差结构模型 (CBSEM)。方差模型与协方差模型的理论模型比较如表 3-2 所示。

表 3-2　结构方程理论模型比较

	主题	协方差 (CBSEM)	方差 (VBSEM)
理论	理论背景	严格的理论导向	基于理论，数据导向
	与理论的关系	验证型	预测型
	研究方向	参数	预测
模型设定	潜变量类型	反映型指标	反映型或形成型指标
	潜变量	因子	主成分
	模型参数	因子均值	主成分权重
	研究类型	心理测量分析、特征分析等	驱动因素、组织结构等
	不可观测变量的结构	不确定	确定
	输入数据	协方差或相关系数矩阵	原始数据
样本	数据的分布假定	同分布	没有要求同分布
软件		LISREL、AMOS 等	SmartPLS、SPSS (PLS module) 等

本书将用 Excel 软件进行数据的统计分析，探索各林分结构因子和水土保持功能因子的特征；用 SPSS 19.0 软件进行数据的信度和效度分析来筛选可用于建模的有效指标，并剔除其中的异常值后，整理为一套符合 SEM 理论的可用建模数据；用 AMOS 22.0 软件构建模型，具体步骤如下：①构建初始结构方程经验模型；②对所有拟纳入建模的指标进行特征分析、相关分析和主成分分析，确定林分结构和水土保持功能基本特征、双因子之间的相关关系，以及符合建模最低限度的指标数量；③在上述分析的基础上，对各指标进行信度检验和效度分析，以筛选可参与建模的指标范围；④根据经验理论和建

模软件提供的修正指标参考，进行模型拟合、参数估计、初始模型评价和修正；⑤对修正后的适配模型进行评价；⑥建模结果的现实意义分析；⑦根据模型结构，提出相应的林分结构管控技术。

3.3　技 术 路 线

本书的技术路线如图 3-1 所示。

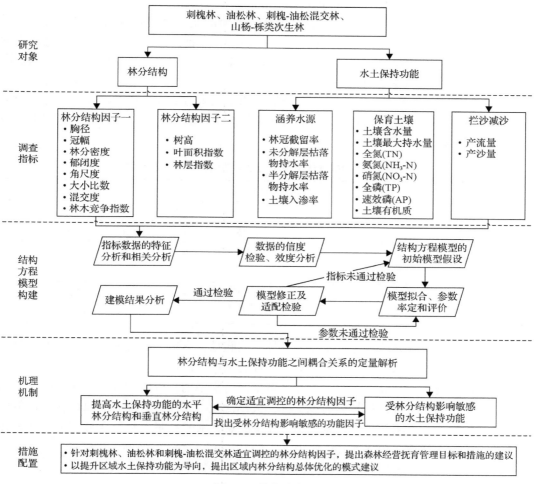

图 3-1　技术路线图

第4章 植被林分结构分析

根据实地调查结果，刺槐林、油松林、刺槐-油松混交林和山杨-栎类次生林 4 种林分的主要树种组成分别为刺槐、油松、刺槐和油松、山杨和辽东栎。查阅资料可知，区域内的人工造林时间均在 1992～1993 年，林龄基本一致。

林分的幼树自然更新数量是反映整个林分健康的重要指标，优势树种的幼树更新（表 4-1）对研究林分的活力具有深远意义。其中，山杨-栎类次生林的优势树种更新数量最多，林分活力相对人工林较大。而不同人工林相比，幼树更新数量从大到小排列依次为：刺槐-油松混交林＞刺槐林＞油松林，说明刺槐-油松混交林相对于纯林的林分活力和生长潜力更大，刺槐林比油松林的林分活力和生长潜力更大。也可以说，所有林分基本处于健康状态，并保有一定的生长活力和生长潜力，其中混交林的林分活力和生长潜力更接近次生林。

表 4-1 不同林分优势树种的平均幼树更新数量及比例

林分类型	优势树种	平均幼树更新株数/株	占所有幼树比例/%
刺槐林	刺槐	18	75.38
油松林	油松	16	98.14
刺槐-油松混交林	刺槐	14	25.33
	油松	10	21.69
山杨-栎类次生林	山杨	11	26.02
	辽东栎	17	41.67

经前人研究，林分结构更主要体现为林分的胸径、冠幅、林分密度、郁闭度、角尺度、大小比数、混交度、林木竞争指数等指标的规律，以及树高、叶面积指数、林层指数等林分结构规律。林分结构相关指数是根据目前常用的林分结构分析方法，结合实测数据计算得出的，主要包括林分的混交度、大小比数、角尺度、Hegyi 简单林木竞争指数及林层指数等。惠刚盈和胡艳波（2001）提出的对象木或参照木及其 4 株邻近木能较好地表示林分空间结构，相邻木取值均为 4，并运用 Winkelmass 空间分析软件和 Excel 进行上述指数的计算。各林分的结构分析具体如下。

4.1 刺槐林林分结构

4.1.1 刺槐林林分结构特征

林分的水平结构在林学、生态学研究中受到的关注度最高，除传统的水平结构指标以外，空间结构通常分为 3 个方面：①林木空间分布格局；②林木大小差异程度；③树种混交程度。其中，混交度针对混交林中树种空间隔离程度，而纯林的混交度为 0。本书中刺槐纯林几乎不与其他树种混交，混交度为 0，将着重分析林木空间分布格局、大小差异及林木竞争。

林分的垂直结构越来越受到广泛关注，除树高以外，目前国内外研究中最具有代表性的有两个方面：①表征冠层结构的叶面积指数，它可以直接通过仪器测量获得；②表征林层结构的林层指数，通过参照木和邻近木所处的林层计算得出。

1. 胸径分布特征

刺槐单木起测胸径为 3cm，径阶为 2cm（6cm 以下和 22cm 以上的刺槐分别作为一个径阶）。对刺槐林的样地调查数据进行统计，并绘制胸径与株数关系图（图 4-1）。

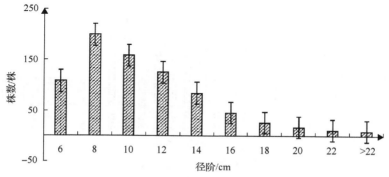

图 4-1　刺槐林林分胸径与株数关系图

由图 4-1 可知，处于径阶 6～12cm 的林木株数分布最多，占总株数的 75.34%，总体呈单峰分布，即胸径从中间径阶向双侧径阶变化时，株数呈减少趋势。数据总体呈现偏左的正态分布，表明刺槐林林木生长的胸径指标偏小。

2. 冠幅分布特征

刺槐的冠幅区间每 5m² 划分为一级（由于 5m² 以下的林木数量较多，将其划分为二级；而 40m² 以上的林木数量较少，将其统一划分为一级）。对刺槐样地调查得到的冠幅数据进行统计，绘制冠幅与株数关系图（图 4-2）。

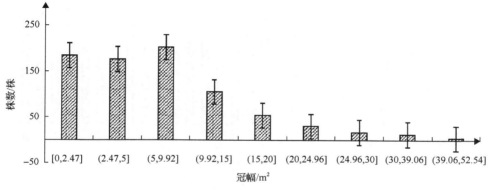

图 4-2　刺槐林分冠幅与株数关系图

由图 4-2 可知，刺槐的冠幅分布总体随冠幅区间增加而递减，处于 0～9.92m² 较小冠幅区间的林木株数分布最多，占总株数的 71.67%，5～9.92m² 处的林木株数达到峰值。说明刺槐树冠总体长势指标偏小。

3. 林分密度特征

通过实地测量株距和行距后计算得出刺槐林分密度，并绘制林分密度与样地数量关系图（图 4-3）。

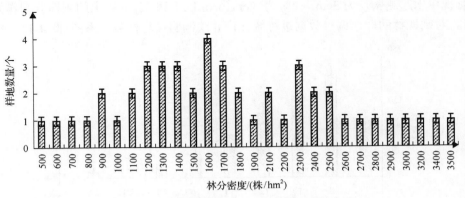

图 4-3　刺槐林分密度与样地数量关系图

由图 4-3 可知，随机布设的样地中，刺槐的林分密度范围跨度较大，在 500～3500 株/hm²，其中 1600 株/hm² 的样地数量最多，1200～1400 株/hm²、1700 株/hm² 和 2300 株/hm² 的样地数量也相对较多，其他林分密度的刺槐样地数量较少。但总体上区域内刺槐林较多，密度差异也较大。

4. 郁闭度特征

通过实地调查获取各样地的郁闭度，并绘制刺槐林林分密度与郁闭度关系图，如图 4-4 所示，刺槐的林分密度由低到高排列。

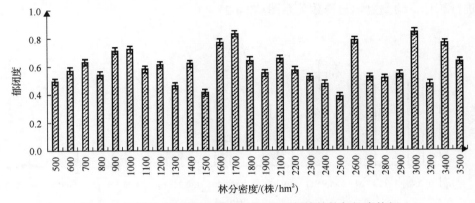

图 4-4　不同林分密度（由低到高排列）下刺槐林的郁闭度特征

由图 4-4 可知,刺槐林的郁闭度范围为 0.38～0.87,随林分密度增大呈多峰波动趋势,在 1000 株/hm²、1700 株/hm² 和 3000 株/hm² 时达到峰值,1600 株/hm²、2600 株/hm² 和 3400 株/hm² 时郁闭度较大,其他林分密度下相对较小,说明该林分中郁闭度和林分密度相关性不强。中、高密度刺槐林会出现林分密度先增大后略微减小的情况。

5. 角尺度特征

刺槐林的林木空间分布格局是林分内刺槐的生物学特性、种内关系,以及刺槐与立地条件、环境因素等共同作用的结果,可以用角尺度来定量描述,侧重表达林木个体之间的方位。刺槐林林分的空间分布采用角尺度均值来描述。角尺度主要描述林分中林木的分布格局,其取值范围在[0.475, 0.517]时,林分处于随机分布状态;在[0,0.475)时,林分处于均匀分布状态;在(0.517,1]时,林分处于团状分布状态(惠刚盈,1999;Gadow and Hui,2002;惠刚盈等,2004)。

调查获取的刺槐林林分角尺度取值范围为 0.250～0.944(表 4-2)。在[0.250,0.475)的林分比例占 14.58%,处于均匀分布状态;在[0.475, 0.517]的林分比例占 27.08%,处于随机分布状态;在(0.517,0.944]的林分比例占 58.33%,处于团状分布状态,可见,刺槐林的林木分布格局主要呈团状分布,其次是随机分布,符合人工林造林时因地形限制而林木呈一定角度种植的特点。

表 4-2 所有刺槐林林分的角尺度分析结果

林分分布	角尺度范围	刺槐林林分平均角尺度						
均匀分布	[0.250,0.475)	0.250	0.361	0.396	0.400	0.432	0.458	0.472
随机分布	[0.475,0.517]	0.475	0.479	0.479	0.481	0.482	0.482	0.500	0.500
		0.500	0.500	0.500	0.500	0.514			
团状分布	(0.517,0.944]	0.518	0.525	0.528	0.531	0.536	0.539	0.542	0.546
		0.550	0.554	0.560	0.563	0.567	0.571	0.577	0.583
		0.591	0.604	0.607	0.611	0.614	0.625	0.667	0.671
		0.750	0.792	0.833	0.944				

6. 大小比数特征

大小比数主要量化参照树和相邻木之间的大小和数量关系,以及林分中各树种的优势或劣势情况。刺槐林大小差异的表达传统上是用直径分布等基本结构指标,而目前常用大小比数这一空间结构指标来进一步分析林分内林木的大小分化程度。

调查获取的刺槐林分大小比数取值范围在 0.125～0.750(表 4-3)。其中,大小比数≥0.500 的林分比例占 56.25%。可见,总体上刺槐林的大小比数偏大,说明参照树与相邻木相比并不占优势。由于刺槐林是人工纯林,这一结果也表明刺槐林的长势总体比较均匀,大部分刺槐林生长的大小差异分化程度不大,且优势和劣势差异较小;但有小部分刺槐林生长存在一定程度的大小差异。

表 4-3　所有刺槐林的大小比数分析结果

大小比数取值范围	刺槐林分平均大小比数						
[0,0.5)	0.125	0.300	0.357	0.386	0.393	0.406	0.411	0.417
	0.425	0.434	0.438	0.446	0.458	0.462	0.464	0.471
	0.477	0.479	0.481	0.484	0.486			
[0.5,1]	0.500	0.514	0.516	0.517	0.518	0.521	0.526	0.528
	0.529	0.531	0.533	0.536	0.539	0.542	0.546	0.550
	0.556	0.563	0.571	0.575	0.583	0.600	0.625	0.625
	0.667	0.679	0.750					

为直观描述林分结构状况，绘制不同林分密度的刺槐与角尺度、大小比数关系图，如图 4-5 所示，图中刺槐的林分密度由低到高排列。

由图 4-5 可知，刺槐林的角尺度随林分密度增大呈多峰曲线，峰值分别出现在 1900 株/hm² 和 2800 株/hm² 的林分密度处；大小比数随林分密度增大也呈多峰曲线，波峰分别出现在 1300 株/hm² 和 2400 株/hm² 处。结果表明，角尺度和大小比数随林分密度增大的总体趋势基本类似，但在 1000 株/hm²、2800 株/hm² 和 3200 株/hm² 的林分密度下，二者差异较大。同时，不同林分密度下，刺槐林的角尺度和大小比数基本匹配，其分布大多呈团状分布，林分长势的大小差异性比较明显。

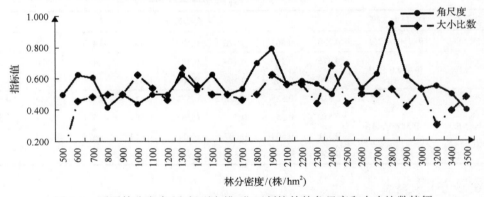

图 4-5　不同林分密度（由低到高排列）下刺槐林的角尺度和大小比数特征

7. 林木竞争指数特征

林木竞争指数采用经典的简单林木竞争指数模型(Hegyi，1974)进行计算，表达林分的林木竞争情况。刺槐林的林木竞争主要体现为种内竞争，可以用林木竞争指数来揭示林分内刺槐林木个体之间的竞争程度。调查获取的刺槐林分平均林木竞争指数取值范围为 1.08～3.77，说明刺槐林内部存在显著的种内竞争。不同林分密度下平均林木竞争指数的具体情况如图 4-6 所示，刺槐的林分密度由低到高排列。

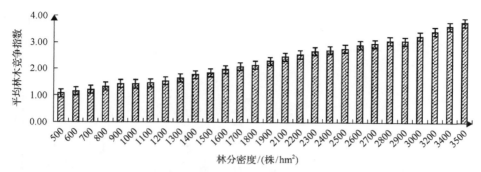

图 4-6　不同林分密度（由低到高排列）下刺槐林的平均林木竞争指数特征

由图 4-6 可知，刺槐林的平均林木竞争指数与林分密度存在较为密切的正相关关系，总体趋势为随林分密度增大逐渐增大；该指数还与所处的坡向相关，坡向偏阳坡时该指数偏大，坡向偏阴坡时该指数偏小；该指数与林分坡度的相关性较弱。此外，该指数与其他环境因子和林分结构指标的相关性显著。

综上所述，刺槐林在水平方向上的空间分布格局多为团状分布；区域内的刺槐林分大小分化虽有一定差异但不显著；同时刺槐林内的林木之间存在着显著的种内竞争。这些结论说明刺槐整体长势不平衡，其林分结构受多种因素的影响，其与影响因子之间的相互关系，以及林分结构对功能的作用关系都需要进一步研究和揭示。

8. 树高分布特征

刺槐高阶为 1m（4m 以下和 15m 以上的刺槐数量较少，分别作为一个高阶）。对刺槐样地调查的树高数据进行统计，并绘制刺槐林树高与株数关系图（图 4-7）。

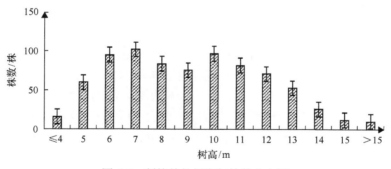

图 4-7　刺槐林的树高与株数分布图

由图 4-7 可知，刺槐林的树高分布曲线总体呈单峰分布，处于 6～12m 的中间高阶的林木株数分布最多，占总株数的 77.66%，尤其是 7m 处的林木株数达到峰值，而从中间高阶向小高阶和大高阶分布的株数呈减少趋势。

9. 叶面积指数特征

叶面积指数是指单位土地面积上的总植物叶面积，是重要的冠层特征表征指标，能在一定程度上说明林分垂直方向上的结构特征。目前叶面积指数应用于植物光合作用、蒸腾作用及相关的生产力研究等方面，是一个综合性指标。为直观地描述林分叶面积指数特征，绘制刺槐林分密度与叶面积指数关系图，如图 4-8 所示，刺槐的林分密度由低到高排列。

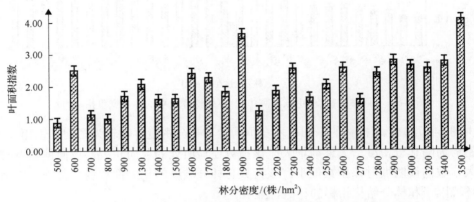

图 4-8　不同林分密度（由低到高排列）的刺槐林的叶面积指数特征

由图 4-8 可知，刺槐林的叶面积指数范围为 0.88～4.50，总体趋势为随林分密度的增大逐渐增大，但在林分密度为 600 株/hm² 和 1900 株/hm² 处突增，达到次峰值，在林分密度为 3500 株/hm² 时达到最高峰。叶面积指数大于 1 的样地数占总样地数的 92.71%，说明大部分样地的平均叶面积均大于样地面积，可见多数林分中刺槐冠层在垂直方向上均出现重叠，林分结构呈现不同程度的复杂性，且叶面积指数越大，林分结构越复杂。但其值大小与林分密度不具有明显的线性相关关系。

10. 林层指数特征

林层指数是以林分优势高为依据划分林层后计算出来的，直接反映林分垂直方向的层次性和复杂性。林层划分依据国际林业研究组织联盟（International Union of Forestry Research Organization，IUFRO）的林分垂直分层标准，以林分优势高为基准划分为 3 个垂直层，上层林木的树高为 ≥2/3 优势高，中层林木的树高为 (1/3, 2/3) 优势高，下层林木的树高为 ≤1/3 优势高（吕勇等，2012）。选取各林分的 10 株最高林木的树高平均值作为林分优势高。调查获取的刺槐林的优势高为 16.1m，刺槐上层树高 ≥10.7m，中层树高介于 (5.4m, 10.7m)，下层树高 ≤5.4m。

根据林层指数的公式来计算和表达林层指数特征，并绘制林分密度与林层指数关系图，如图 4-9 所示，图中刺槐的林分密度由低到高排列。

由图 4-9 可知，刺槐林的林层指数取值范围为 0～0.48，林分内林木的林层指数大多集中在 ≤0.50 的范围，表明刺槐林的林木分层大多集中在 1～2 层，反映出刺槐林林层结构的多样性和垂直分布格局。林层指数的总体变化趋势为随林分密度的增大呈现双峰曲线且波动较大，分别在 1400 株/hm² 和 3200 株/hm² 时达到峰值，说明二者相关性不明显。另外，林层指数与平均树高之间总体呈负相关关系，其中刺槐林平均树高较低时，林分层次较复杂，可能存在上、中、下三层林层；而平均树高较高时，林分层次相对简单，主要集中在中、上层。

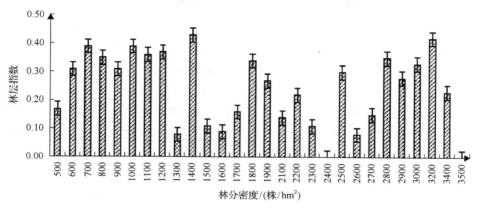

图 4-9　不同林分密度(由低到高排列)下刺槐林的林层指数特征

4.1.2　刺槐林林分结构综合分析

由上述分析发现，刺槐林的林分结构主要影响因子包括胸径、冠幅、林分密度、郁闭度、角尺度、大小比数、林木竞争指数，还包括树高、叶面积指数和林层指数等林分结构因子。为探索两两因子之间的相关关系、进一步了解各因子对林分结构的影响程度，以下对各林分结构指标进行综合分析。

1. 一般统计分析

由各指标的均值和标准差可知(表 4-4)，林分密度、胸径和冠幅等指标的差异性较大，郁闭度、角尺度和大小比数的差异性较小。综合上述指标来看，刺槐林林分结构总体具有较大的异质性。

表 4-4　刺槐林林分结构指标统计表

指标名称	最小值	最大值	平均值	标准差
林分密度/(株/hm²)	500	3500	1746	640
郁闭度	0.38	0.87	0.62	0.11
胸径/cm	6.37	18.54	10.56	2.45
树高/m	3.0	13.4	8.4	1.7
冠幅/m²	3.10	16.40	8.06	2.62
叶面积指数	0.88	4.50	2.06	0.86
角尺度	0.250	0.944	0.551	0.101
大小比数	0.125	0.750	0.500	0.078
林木竞争指数	1.08	3.77	2.11	0.59
林层指数	0.00	0.48	0.32	0.12

2. 相关分析

对刺槐林林分结构各指标进行两两之间的 Pearson 相关分析（表 4-5）。其中，林分密度与胸径、林木竞争指数和林层指数在 0.01 水平（双侧）上显著相关，相关系数分别为 −0.282、0.994 和 0.273；与叶面积指数和大小比数在 0.05 水平（双侧）上显著相关。郁闭度与胸径、树高和冠幅在 0.01 水平（双侧）上显著相关，相关系数分别为 0.412、0.487 和 0.460；与叶面积指数在 0.05 水平（双侧）上显著相关。胸径与树高、冠幅和林木竞争指数在 0.01 水平（双侧）上显著相关，相关系数分别为 0.798、0.419 和 −0.276。树高与冠幅在 0.01 水平（双侧）上显著相关，相关系数为 0.358。冠幅与叶面积指数、林层指数在 0.01 水平（双侧）上显著相关，相关系数分别为 0.421 和 0.285。叶面积指数与林木竞争指数在 0.05 水平（双侧）上显著相关，相关系数为 0.250。角尺度与大小比数在 0.01 水平（双侧）上显著相关，相关系数为 0.290。林木竞争指数与林层指数在 0.01 水平（双侧）上显著相关，相关系数为 0.302。此外，其他因子之间也具有一定的相关性，但显著水平不高，相关系数绝对值相对较小。

表 4-5　刺槐林林分结构指标相关系数表

指标名称	林分密度	郁闭度	胸径	树高	冠幅	叶面积指数	角尺度	大小比数	林木竞争指数	林层指数
林分密度	1									
郁闭度	0.143	1								
胸径	−0.282**	0.412**	1							
树高	−0.044	0.487**	0.798**	1						
冠幅	0.026	0.460**	0.419**	0.358**	1					
叶面积指数	0.238*	0.233*	−0.107	0.088	0.421**	1				
角尺度	−0.015	−0.148	−0.007	0.047	0.083	0.171	1			
大小比数	0.203*	0.014	0.003	−0.01	0.129	0.087	0.290**	1		
林木竞争指数	0.994**	0.18	−0.276**	−0.039	0.053	0.250*	−0.021	0.19	1	
林层指数	0.273**	0.052	0.085	0.145	0.285**	0.111	−0.039	−0.018	0.302**	1

** 表示在 0.01 水平（双侧）上显著相关；* 表示在 0.05 水平（双侧）上显著相关。

3. 主成分分析

因子分析采用主成分分析法（表 4-6），以便直观反映样本总体特征。结果发现可从刺槐林的各林分结构指标中提取出 4 个主成分，其特征值分别为 2.616、2.430、1.359 和 1.019，且累积解释的方差为 74.233%，说明 4 个主成分能够在一定程度上反映样本的总体情况。采用结构方程建模时，选取的林分结构因子不少于 4 个，才能有效反映样本总体特征。

主成分分析结果得到了 4 个主成分的系数矩阵（表 4-7），第 1 主成分主要表征郁闭度、胸径、冠幅、叶面积指数；第 2 主成分主要表征林分密度、胸径、林层指数；第 3 主成分主要表征大小比数和林木竞争指数；第 4 主成分主要表征角尺度。因此，在使用 SEM

表 4-6　刺槐林林分结构中提取的主成分可解释的总方差情况

成分	初始特征值			提取平方和载入			旋转平方和载入		
	合计	方差的百分比/%	累积的百分比/%	合计	方差的百分比/%	累积的百分比/%	合计	方差的百分比/%	累积的百分比/%
1	2.616	26.158	26.158	2.616	26.158	26.158	2.389	23.888	23.888
2	2.430	24.303	50.460	2.430	24.303	50.460	2.265	22.653	46.541
3	1.359	13.586	64.046	1.359	13.586	64.046	1.434	14.336	60.877
4	1.019	10.187	74.233	1.019	10.187	74.233	1.336	13.357	74.233
5	0.933	9.329	83.563						
6	0.703	7.028	90.590						
7	0.443	4.426	95.016						
8	0.363	3.633	98.649						
9	0.131	1.309	99.958						
10	0.004	0.042	100.000						

表 4-7　刺槐林林分结构 4 个主成分的系数矩阵

指标名称	成分			
	1	2	3	4
林分密度	0.290	0.891	−0.171	0.221
郁闭度	0.733	−0.088	−0.201	−0.046
胸径	0.637	−0.633	−0.048	0.295
冠幅	0.746	−0.408	−0.070	0.276
叶面积指数	0.751	−0.086	0.191	−0.348
角尺度	0.432	0.331	0.323	−0.654
大小比数	0.049	0.057	0.819	0.102
林木竞争指数	0.164	0.266	0.621	0.451
林层指数	0.316	0.890	−0.185	0.197
树高	0.391	0.279	−0.224	−0.056

建模时，应尽可能将所有因子纳入建模范围，以更好地反映样本总体特征，尤其是系数大于 0.7 的指标在建模时应尽量应用。

4. 刺槐林林分结构分析评价及其与建模的关系

刺槐林的树高和胸径呈单峰分布，处于各指标中间区域的林木株数均在 75%以上；冠幅呈递减分布趋势，处于较小冠幅区间的林木株数也在 71%以上。由基本特征可知，林分长势良好，但树冠长势一般，林分密度为 1500~1800 株/hm²，郁闭度、角尺度、大小比数、林木竞争指数、叶面积指数和林层指数等其他结构指标特征较稳定，林分分布较均匀且大小分化程度较小。而刺槐林林分的空间结构规律是重点，决定了刺槐林内林木之间的竞争态势和空间生态位，影响甚至决定着林分的稳定性，从而影响林分的水土保持功能。

上述分析结果从多个角度来对刺槐林林分结构因子之间的关系进行定量化表达，总体上反映出刺槐林林分结构的异质性，探索了两两因子之间的相关性及其显著性水平，并通过提取各因子特征来部分反映结构因子的整体属性，林分结构因子内部的关系初步确定，为后续较好地定量表达刺槐林林分结构和水土保持功能的关系奠定基础。其中，相关分析结果可以与建模结果进行对比，验证结构与功能耦合关系模型结果的合理性。而主成分分析更是表达结构和功能之间耦合关系的 SEM 建模的前提条件，刺槐林林分结构因子提取了 4 个主成分，说明在进行刺槐林林分结构和水土保持功能的耦合关系建模时，林分结构的观测变量不能少于 4 个；主成分分析还是 SEM 建模前信度检验的基础。

4.2　油松林林分结构

4.2.1　油松林林分结构特征

油松林几乎不与其他树种混交，混交度为 0，以下将重点分析传统的林分结构指标，以及林木空间分布格局、大小差异和林木竞争。

1. 胸径分布特征

油松单木起测胸径为 3cm，径阶为 2cm（6cm 以下和 22cm 以上的油松数量较少，分别作为一个径阶）。对区域内油松林的样地调查数据进行统计，并绘制胸径与株数关系图（图 4-10）。

由图 4-10 可知，油松的胸径处于中间径阶 12～16cm 的林木株数分布最多，占总株数的 76.27%，总体呈单峰分布，即胸径从中间径阶向双侧径阶变化时，株数呈减少趋势。数据总体呈正态分布，表明油松林林木生长的胸径指标适中。

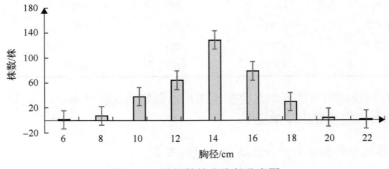

图 4-10　油松林林分胸径分布图

2. 冠幅分布特征

油松的冠幅每 5m^2 划分为一级（25 m^2 以上的林木数量较少，统一划分为一级）。对油松林样地调查得到的冠幅数据进行统计，绘制冠幅与株数关系图（图 4-11）。

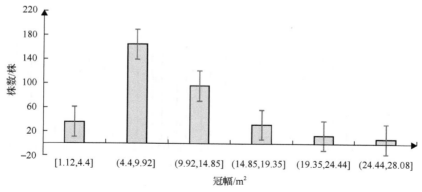

图 4-11 油松林林分冠幅与株数关系图

由图 4-11 可知，油松的冠幅分布呈单峰曲线，处于 4.4～14.85m² 中间冠幅区间的林木株数分布最多，占总株数的 73.45%，尤其是 4.4～9.92 m² 的林木株数达到峰值，而从中间冠幅区间向小冠幅区间和大冠幅区间分布的株数呈减少趋势。

3. 林分密度特征

实地测量株距和行距后计算得出油松林林分密度，并绘制该林分密度与样地数量关系图（图 4-12）。

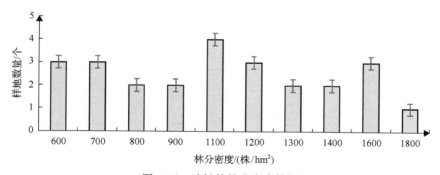

图 4-12 油松林林分密度特征

由图 4-12 可知，油松林林分密度范围为 600～1800 株/hm²，其中 1100 株/hm² 的样地数量最多，600 株/hm²、700 株/hm²、1200 株/hm² 和 1600 株/hm² 的样地数量也相对较多，其他密度的油松样地数量较少，说明区域内油松林林分密度相对稀疏。

4. 郁闭度特征

通过实地调查获取各样地的郁闭度，并绘制油松林林分密度与郁闭度关系图，如图 4-13 所示，油松的林分密度由低到高排列。

由图 4-13 可知，油松林的郁闭度范围为 0.54～0.87，随林分密度的增大呈双峰曲线，其中在林分密度为 1400 株/hm² 时郁闭度达到峰值，其次林分密度为 1100 株/hm² 和 1800 株/hm² 时郁闭度较大，其他林分密度下郁闭度相对较小，说明油松林林分郁闭度和林分密度相关性不明显。

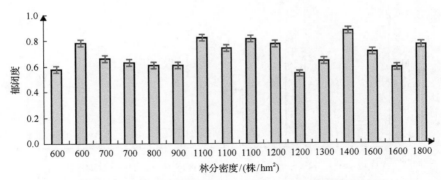

图 4-13　不同林分密度（由低到高排列）下油松林的郁闭度特征

5. 角尺度

油松林的林木空间分布格局是林分内油松的生物学特性、种内关系，以及油松与立地条件、环境因素等共同作用的结果，可以用角尺度来定量描述，侧重表达林木个体之间的方位。油松林林分的空间分布采用角尺度平均值来描述。

调查获取的油松林林分角尺度取值范围为 0.375～0.700（表 4-8）。角尺度范围为 [0, 0.475)时的林分比例占 44%，处于均匀分布状态；为[0.475, 0.517]时的林分比例占 12%，处于随机分布状态；为(0.517,0.700]时的林分比例占 44%，处于团状分布状态，可见，油松林的林木分布格局主要呈均匀分布或团状分布，符合人工林造林时均匀种植或因地形限制而林木呈一定角度种植的特点。

表 4-8　所有油松林的角尺度分析结果

林分分布	角尺度范围	油松林林分平均角尺度						
均匀分布	[0.375,0.475)	0.375	0.375	0.417	0.417	0.429	0.429	0.438	0.438
		0.444	0.458	0.462					
随机分布	[0.475,0.517]	0.500	0.500	0.500					
团状分布	(0.517,0.700]	0.542	0.583	0.600	0.600	0.625	0.625	0.688	0.688
		0.700	0.700	0.700					

6. 大小比数

调查获取的油松林林分大小比数取值范围为 0.250～0.625（表 4-9）。其中，大小比数≥0.500 的林分比例占 76%。可见，油松林的大小比数偏大，说明参照树与相邻木相比并不占优势。由于油松林是人工纯林，这一结果也表明整个油松林林分的长势比较均匀，大小差异分化程度较小，也不存在明显的优势和劣势差异。

表 4-9　所有油松林的大小比数分析结果

大小比数范围	油松林林分平均大小比数							
[0,0.5)	0.250	0.250	0.400	0.450	0.450	0.481		
[0.5,1]	0.500	0.500	0.521	0.521	0.531	0.531	0.542	0.542
	0.550	0.550	0.556	0.563	0.563	0.563	0.607	0.607
	0.625	0.625	0.625					

为直观描述林分结构状况，绘制林分密度与角尺度、大小比数关系图，如图 4-14 所示，油松的林分密度由低到高排列。

由图 4-14 可知，油松林的角尺度随林分密度增大呈多峰曲线，峰值分别出现在 600 株/hm²、900 株/hm² 和 1300 株/hm²；大小比数随林分密度的增大也呈多峰曲线，波峰分别出现在 600 株/hm²、800 株/hm² 和 1400 株/hm²。结果表明，角尺度和大小比数随林分密度增大，其总体趋势基本类似，但在 900 株/hm² 和 1300 株/hm² 的林分密度下，二者差异较大。因此，不同林分密度的油松林，其角尺度和大小比数基本匹配，其分布基本呈均匀或团状分布，长势也比较均匀。

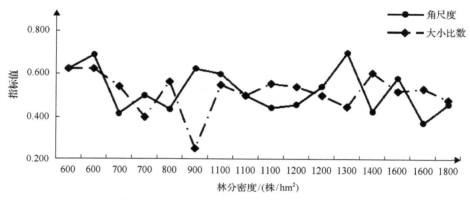

图 4-14　不同林分密度（由低到高排列）下油松林的角尺度和大小比数特征

7. 林木竞争指数

油松林的林木竞争主要体现为种内竞争，可以用林木竞争指数来表征，这一指标能够揭示林分内油松林木个体之间的竞争程度。调查获取的油松林林分林木竞争指数取值范围为 1.17～2.23，具体情况如图 4-15 所示，油松的林分密度由低到高排列。可见，油松林内部存在显著的种内竞争，其中有两个样地的林木竞争指数超过了 2，种内竞争程度较强。

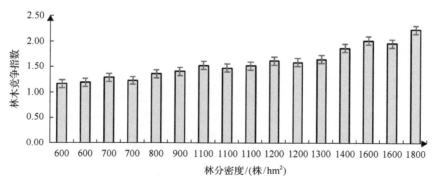

图 4-15　不同林分密度（由低到高排列）下油松的林木竞争指数特征

由图 4-15 可知，林木竞争指数与林分密度存在较为密切的正相关关系，总体趋势为随林分密度增大逐渐增大，即油松林林分密度较稀疏时，林分内林木竞争强度较小，反之林木竞争强度较大。经调查和定性分析，该指数还与所处的坡向相关，坡向偏阳坡时该指数偏大，坡向偏阴坡时该指数偏小；该指数与林分坡度的相关性较弱。此外，该指数与其他环境因子和林分结构指标的相关性显著。

综上所述，油松林在水平方向上的空间分布格局主要呈均匀分布和团状分布；由于区域内的油松林林分是人工纯林，其大小分化差异不显著；同时油松林内的林木之间存在着显著的种内竞争，其中两个样地的种内竞争程度较大。这些结论说明油松林的林分结构因子总体均匀，但由于影响因子众多，其与影响因子之间的相互关系及林分结构因子对功能的作用关系都需要进一步研究和揭示。

8. 树高分布特征

油松高阶为 1m（3m 以下和 11m 以上的油松数量较少，分别作为一个高阶）。对油松样地调查的树高数据进行统计，并绘制油松林树高与株数关系图（图 4-16）。

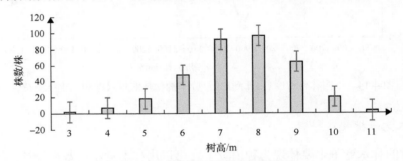

图 4-16　油松林林分树高与株数图

由图 4-16 可知，油松林林分的树高分布曲线呈单峰分布，处于 6～9m 中间高阶的林木株数分布最多，占总株数的 84.75%，尤其是 7～8m 的林木株数达到峰值，而从中间高阶向小高阶和大高阶分布的株数呈减少趋势。

9. 叶面积指数

为直观地描述油松林林分叶面积指数特征，绘制各林分密度与叶面积指数关系图，如图 4-17 所示，油松的林分密度由低到高排列。

由图 4-17 可知，油松林的叶面积指数范围为 1.48～3.04，随林分密度的增大呈多峰曲线，其中在林分密度为 1100 株/hm² 时达到峰值，其次为 1400 株/hm² 时叶面积指数较大，其他林分密度下相对较小。说明各样地的平均叶面积均大于样地面积，油松冠层在垂直方向上均出现重叠，林分结构呈现不同程度的复杂性，且叶面积指数越大，林分结构越复杂。但其值大小与林分密度不具有明显的线性相关关系。

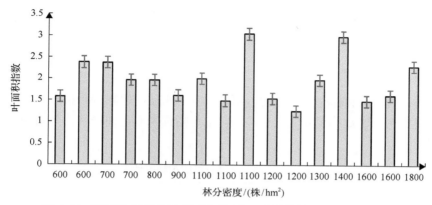

图 4-17 不同林分密度（由低到高排列）下油松林的叶面积指数特征

10. 林层指数

调查获取的油松林林分的优势高为 9.2m，油松上层树高≥6.1m，中层树高介于（3.1m，6.1m），下层树高≤3.1m。根据林层指数公式，计算和表达林层指数特征。为直观描述林层指数特征，分别绘制林分密度与林层指数关系图，如图 4-18 所示，油松的林分密度由低到高排列。

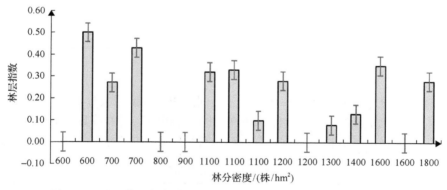

图 4-18 不同林分密度（由低到高排列）下油松林林分林层指数特征

由图 4-18 可知，油松林的林层指数取值范围为 0～0.50，林分内林木的林层指数大多集中在≤0.50 的范围，表明油松林的林木分层大多集中在 1～2 层，反映出油松林林层结构的多样性和垂直分布格局。林层指数的总体变化趋势为随林分密度增大而波动，说明其与林分密度的相关性不强。另外，林层指数与平均树高之间总体呈负相关关系，说明油松林平均树高较低时，林分层次较复杂，可能存在上、中、下三层林层；而平均树高较高时，林分层次相对简单，主要集中在中、上层。

4.2.2 油松林林分结构综合分析

结合上述分析发现，油松林林分结构的主要影响因子包括胸径、冠幅、林分密度、郁闭度、角尺度、大小比数、林木竞争指数等林分结构因子，还包括树高、叶面积指数

和林层指数等林分结构因子。为了解两两因子之间的相关关系、探索各因子对林分结构
的影响程度，对调查获取的各林分结构指标进行综合分析。

1. 一般统计分析

由各指标的均值和标准差可知(表 4-10)，林分密度、冠幅等指标差异性较大，郁闭
度、角尺度和大小比数的差异性较小。综合上述指标来看，油松林林分结构总体具有较
大的异质性。

表 4-10　油松林林分结构指标统计表

指标名称	最小值	最大值	均值	标准差
林分密度/(株/hm²)	600	1800	1106	373
郁闭度	0.54	0.87	0.70	0.10
胸径/cm	11.91	14.55	13.26	0.94
树高/m	5.8	8.7	7.1	0.9
冠幅/m²	7.00	16.70	10.55	2.99
叶面积指数	1.25	3.04	1.97	0.53
角尺度	0.375	0.700	0.521	0.101
大小比数	0.250	0.625	0.522	0.093
林木竞争指数	1.17	2.23	1.57	0.31
林层指数	0.00	0.50	0.19	0.17

2. 相关分析

对油松林林分结构各指标进行两两因子之间的 Pearson 相关分析(表 4-11)。其中，
林分密度与林木竞争指数在 0.01 水平(双侧)上显著相关，相关系数为 0.986，具有极强
的相关性，二者在因子分析时具有较强的可替代性。郁闭度与树高、冠幅、叶面积指数

表 4-11　油松林林分结构指标相关系数表

指标名称	林分密度	郁闭度	胸径	树高	冠幅	叶面积指数	角尺度	大小比数	林木竞争指数	林层指数
林分密度	1									
郁闭度	0.235	1								
胸径	−0.118	−0.231	1							
树高	0.165	−0.649**	0.589*	1						
冠幅	−0.107	0.718**	0.357	−0.279	1					
叶面积指数	−0.026	0.646**	0.387	−0.279	0.756**	1				
角尺度	−0.284	−0.105	−0.139	0.043	0.010	−0.253	1			
大小比数	−0.064	0.362	−0.219	−0.418	0.261	0.318	−0.172	1		
林木竞争指数	0.986**	0.255	−0.121	0.140	−0.112	0.032	−0.314	−0.032	1	
林层指数	−0.099	0.521*	−0.464	−0.813**	0.198	0.145	0.143	0.124	−0.071	1

** 表示在 0.01 水平(双侧)上显著相关；* 表示在 0.05 水平(双侧)上显著相关。

在 0.01 水平(双侧)上显著相关,相关系数分别为-0.649、0.718 和 0.646;与林层指数在 0.05 水平(双侧)上显著相关,相关系数为 0.521,说明在进行因子分析时,郁闭度与上述因子可以相互部分替代。胸径和树高在 0.05 水平(双侧)上显著相关,相关系数为 0.589;树高和林层指数在 0.01 水平(双侧)上显著相关,相关系数为-0.813;冠幅和叶面积指数在 0.01 水平(双侧)上显著相关,相关系数为 0.756。此外,其他因子之间也具有一定的相关性,但显著水平不强,相关系数绝对值相对较小。

3. 主成分分析

油松林因子分析采用主成分分析法(表 4-12)。结果发现油松林的林分结构可提取出 4 个主成分,其特征值分别为 3.292、2.272、2.095 和 1.031,且累积解释的方差为 86.897%,说明 4 个主成分能够在一定程度上反映样本的总体情况。在采用结构方程建模时,选取的林分结构因子不少于 4 个,才能有效反映样本总体特征。

表 4-12　油松林林分结构中提取的主成分可解释的总方差情况

成分	初始特征值			提取平方和载入			旋转平方和载入		
	合计	方差的百分比/%	累积的百分比/%	合计	方差的百分比/%	累积的百分比/%	合计	方差的百分比/%	累积的百分比/%
1	3.292	32.921	32.921	3.292	32.921	32.921	2.667	26.670	26.670
2	2.272	22.722	55.643	2.272	22.722	55.643	2.566	25.656	52.326
3	2.095	20.945	76.588	2.095	20.945	76.588	2.191	21.913	74.239
4	1.031	10.309	86.897	1.031	10.309	86.897	1.266	12.659	86.897
5	0.712	7.123	94.020						
6	0.289	2.886	96.907						
7	0.202	2.018	98.925						
8	0.065	0.650	99.575						
9	0.035	0.345	99.920						
10	0.008	0.080	100.000						

主成分分析结果得到了 4 个主成分的系数矩阵(表 4-13),第 1 主成分主要表征郁闭度、树高、冠幅、林层指数、叶面积指数;第 2 主成分主要表征林分密度、林木竞争指数;第 3 主成分主要表征胸径、冠幅、叶面积指数;第 4 主成分主要表征角尺度和大小比数。因此,在使用结构方程建模时,应尽可能将所有因子纳入建模范围,以更好地反映样本总体特征,尤其是系数大于 0.7 的指标在建模时应尽量应用。

表 4-13　油松林林分结构 4 个主成分的系数矩阵

指标名称	成分			
	1	2	3	4
林分密度	-0.013	0.923	-0.308	0.177
郁闭度	0.913	0.247	0.016	0.196
胸径	-0.269	0.137	0.891	0.101
冠幅	0.686	0.033	0.611	0.248
叶面积指数	0.671	0.205	0.619	0.007

指标名称	成分			
	1	2	3	4
角尺度	−0.111	−0.533	−0.127	0.627
大小比数	0.538	−0.008	0.002	−0.636
林木竞争指数	0.021	0.931	−0.302	0.146
林层指数	0.682	−0.276	−0.436	0.247
树高	−0.835	0.268	0.389	0.099

4. 油松林林分结构分析评价及其与建模的关系

油松林的树高、胸径、冠幅等均呈单峰分布,处于各指标中间区域的林木株数均在73%以上。林分密度为 1100～1600 株/hm² 时,郁闭度、角尺度、大小比数、林木竞争指数等结构指标特征较稳定,林分分布较均匀且大小分化程度较小。而油松林林分的空间结构规律是重点,决定了油松林内林木之间的竞争态势和空间生态位,影响甚至决定着林分的稳定性,从而影响林分的水土保持功能。

上述分析结果从多个角度对油松林林分结构因子之间的关系进行定量化表达,总体上反映出油松林林分结构的异质性;探索了两两因子之间的相关性及其显著性水平,并通过提取各因子特征来代表结构因子的整体属性,林分结构因子内部的关系初步确定,为后续较好地定量表达油松林林分结构和水土保持功能的关系奠定基础。其中,相关分析结果可以与建模结果进行对比,验证结构与功能耦合关系模型结果的合理性。而主成分分析更是表达结构和功能之间耦合关系的 SEM 建模的前提条件,油松林林分结构因子提取了 4 个主成分,说明在油松林林分结构和水土保持功能的耦合关系建模时,林分结构观测变量不能少于 4 个;主成分分析还是 SEM 建模前信度检验的基础。

4.3 刺槐-油松混交林林分结构

4.3.1 混交林林分结构特征

混交度能说明混交林中树种空间隔离程度,以下主要针对刺槐-油松混交林,重点分析传统的林分结构指标,以及林木空间分布格局、大小差异、混交度和林木竞争指数。

1. 胸径分布特征

刺槐-油松混交林中,刺槐和油松单木起测胸径为 3cm,径阶为 2cm(6cm 以下的刺槐和油松数量较少,24cm 以上的刺槐和 20cm 以上的油松数量也较少,分别作为一个径阶)。对区域内刺槐-油松混交林的样地调查数据进行统计,并绘制胸径与株数关系图(图 4-19)。

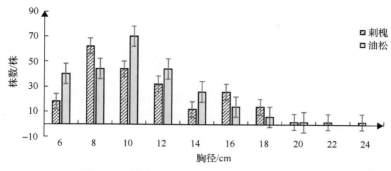

图 4-19　刺槐-油松混交林胸径与株数关系图

由图 4-19 可知，针对刺槐-油松混交林的胸径分布情况，应分别探讨刺槐、油松两个优势树种的胸径：①关于刺槐的胸径，处于中间径阶 8～12cm 的林木株数分布最多，占总株数的 64.49%，总体呈双峰分布，较高峰值出现在 8cm 径阶，较低峰值出现在 16cm 径阶，即胸径从小径阶到大径阶变化时，株数呈波动趋势；②关于油松的胸径，处于径阶 6～12cm 的林木株数分布最多，占总株数的 80.49%，总体呈单峰分布，即胸径从中间径阶向双侧径阶变化时，株数呈减少趋势。

2. 冠幅分布特征

刺槐-油松混交林的冠幅区间每 5m² 划分为一级（刺槐 30 m² 以上和油松 20m² 以上的林木数量较少，划分为一级；油松 5m² 以下的林木数量较多，划分为二级）。对刺槐-油松混交林样地调查冠幅数据进行统计，绘制冠幅与株数关系图（图 4-20）。

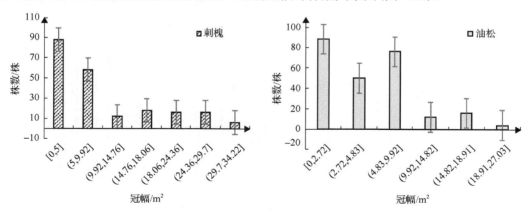

图 4-20　刺槐-油松混交林的冠幅分布图

由图 4-20 可知，针对刺槐-油松混交林的冠幅分布情况，应分别探讨刺槐、油松两个优势树种的冠幅：①刺槐的冠幅分布总体呈随冠幅区间增加而递减的趋势，处于 0～9.92 m² 较小冠幅区间的林木株数分布最多，占总株数的 68.22%，0～5m² 处的林木株数达到峰值；②油松的冠幅分布总体呈随冠幅区间增加而递减的趋势，处于 0～9.92 m² 较小冠幅区间的林木株数分布最多，占总株数的 86.99%，0～2.72m² 处的林木株数达到峰值。

3. 林分密度特征

实地测量株距和行距后计算得出刺槐-油松混交林林分密度,并绘制各林分密度与样地数量关系图(图 4-21)。

由图 4-21 可知,刺槐-油松混交林的林分密度为 1000~4400 株/hm²,其中 1600 株/hm² 的样地数量较多,其他密度的样地数量较少,说明区域内的刺槐-油松混交林密度有一定差异。

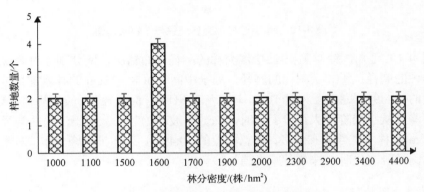

图 4-21　刺槐-油松混交林林分密度特征

4. 郁闭度特征

通过实地调查获取各样地的郁闭度,并绘制刺槐-油松混交林林分密度与郁闭度关系图,如图 4-22 所示,刺槐-油松混交林的林分密度由低到高排列。

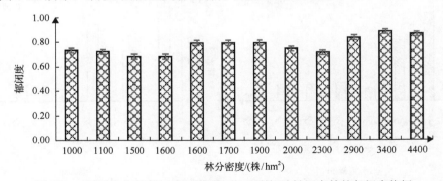

图 4-22　不同林分密度(由低到高排列)下刺槐-油松混交林的郁闭度特征

由图 4-22 可知,刺槐-油松混交林的郁闭度范围为 0.68~0.88,总体趋势为随林分密度增大而增大,在 1600~1900 株/hm² 时出现波动(次峰值),变化幅度较缓和。其中,在 3400 株/hm² 和 4400 株/hm² 时达到峰值。

5. 角尺度

刺槐-油松混交林的林木空间分布格局是林分内刺槐和油松的生物学特性、种内和种间关系，以及林木与立地条件、环境因素等共同作用的结果，可以用角尺度来定量描述，侧重表达林木个体之间的方位。刺槐-油松混交林林分的空间分布采用角尺度均值来描述。

调查获取的刺槐-油松混交林分角尺度取值范围为 0.500～0.713（表 4-14）。在[0.475，0.517]的林分比例占 8.33%，处于随机分布状态；在(0.517,0.700]的林分比例占 91.67%，处于团状分布状态，可见，刺槐-油松混交林的林木分布格局大多呈团状分布，符合人工林造林时因地形限制而林木呈一定角度种植的特点。

表 4-14　所有刺槐-油松混交林角尺度分析结果

林分分布	角尺度范围	刺槐-油松混交林平均角尺度					
随机分布	[0.475,0.517]	0.500	0.500				
团状分布	(0.517,0.700]	0.547	0.547	0.583	0.583	0.594	0.594
		0.600	0.600	0.625	0.625	0.647	0.647
		0.650	0.650	0.659	0.659	0.673	0.673
		0.677	0.677	0.713	0.713		

6. 大小比数

调查获取的刺槐-油松混交林林分大小比数取值范围为 0.422～0.559（表 4-15）。其中，大小比数≥0.500 的林分比例占 58.33%。可见，刺槐-油松混交林的大小比数总体偏大，参照树与相邻木相比优势不明显。结果也表明刺槐-油松混交林的长势比较均匀，大部分刺槐-油松混交林生长的大小差异分化程度不大，且优势和劣势差异较小；但小部分混交林生长有一定程度的大小差异。

表 4-15　所有刺槐-油松混交林大小比数分析结果

大小比范围	刺槐-油松混交林平均大小比数						
[0,0.5)	0.422	0.422	0.438	0.438	0.471	0.471	0.477	0.477
	0.481	0.481						
[0.5,1]	0.500	0.500	0.500	0.500	0.525	0.525	0.536	0.536
	0.550	0.550	0.550	0.550	0.559	0.559		

7. 混交度

混交度用于说明刺槐-油松混交林中树种空间隔离程度，混交度越大，树种隔离程度越大。调查获取的刺槐-油松混交林林分混交度取值范围为 0.221～0.818。其中，混交度≥0.500 的林分比例占 50%，说明大部分刺槐-油松混交林的树种隔离程度偏大，树种组成相对复杂。

为直观描述刺槐-油松混交林的林分结构状况，绘制不同林分密度与角尺度、大小比数及混交度关系图，如图 4-23 所示，刺槐-油松混交林的林分密度由低到高排列)。

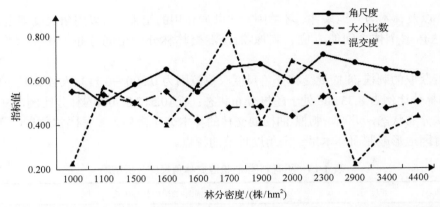

图 4-23　不同密度（由低到高排列）下刺槐-油松混交林的角尺度、大小比数和混交度特征

由图 4-23 可知，刺槐-油松混交林的角尺度随林分密度增大呈多峰曲线，峰值分别出现在 1600 株/hm²、1900 株/hm² 和 2300 株/hm² 处；大小比数随林分密度的增大呈多峰曲线，峰值分别出现在 1600 株/hm²、1900 株/hm² 和 2900 株/hm² 处；混交度随林分密度增大也呈多值曲线，峰值分别出现在 1100 株/hm²、1700 株/hm² 和 2000 株/hm² 处。上述结果表明，角尺度和大小比数随林分密度总体呈增大的趋势，其总体趋势基本一致。也可以说，不同林分密度的刺槐-油松混交林，角尺度和大小比数基本匹配，其分布基本呈团状分布，长势也比较均匀。而混交度与林分密度相关性较弱，与角尺度和大小比数的变化趋势基本类似，但变化幅度更大。

8. 林木竞争指数

刺槐-油松混交林的林木竞争体现为种内竞争和种间竞争，可以用林木竞争指数来表示，以揭示林分内刺槐和油松个体相互之间的竞争程度。调查获取的刺槐-油松混交林林分林木竞争指数取值范围为 1.34～4.58，具体情况如图 4-24 所示，刺槐-油松混交林的林分密度由低到高排列。林木竞争指数超过 2 的样地达到 75%，可见刺槐-油松混交林内存在较强的种内和种间的林木竞争。

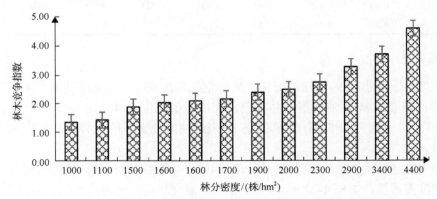

图 4-24　不同林分密度（由低到高排列）下的刺槐-油松混交林林木竞争指数特征

由图 4-24 可知，林木竞争指数与林分密度有较为密切的正相关关系，总体趋势为随林分密度增大逐渐增大，即刺槐-油松混交林林分密度较稀疏时，林分内林木竞争强度较小，反之林木竞争强度较大。经调查和定性分析，该指数还与所处的坡向相关，坡向偏阳坡时竞争指数偏大，坡向偏阴坡时竞争指数偏小；该指数与林分的坡度相关性较弱。此外，该指数与其他环境因子和林分结构指标的相关性显著。

综上所述，刺槐-油松混交林在水平方向上的空间分布格局大多呈团状分布；区域内的刺槐-油松混交林大小分化差异程度不大；同时刺槐-油松混交林内的林木之间存在着显著的竞争（包括种内竞争和种间竞争），其中 75% 的样地竞争程度较大。刺槐-油松混交林的林分结构因子总体均匀，但也有一定程度的异质性。由于影响因子众多，刺槐-油松混交林林分结构与影响因子之间的相互关系，以及林分结构因子对功能的作用关系都需要进一步研究和揭示。

9. 树高分布特征

刺槐-油松混交林高阶为 1m（4m 以下和 16m 以上的林木数量较少，分别作为一个高阶）。对刺槐-油松混交林样地调查的树高数据进行统计，并绘制树高与株数图（图 4-25）。

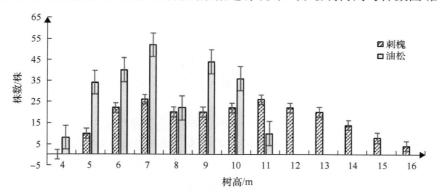

图 4-25　刺槐-油松混交林树高与株数关系图

由图 4-25 可知，关于刺槐-油松混交林的树高分布，应分别探讨刺槐、油松两个优势树种的树高：①虽然刺槐在 7～12m 的树高时林木株数分布较多，占总株数的 63.55%，但总体分布比较均匀；②油松的树高分布曲线呈单峰分布，处于 6～9m 中间高阶的林木株数分布最多，占总株数的 64.23%，尤其是 7m 的林木株数达到峰值，而总体从中间高阶向小高阶和大高阶分布的株数呈减少趋势。

10. 叶面积指数

为直观地描述刺槐-油松混交林的叶面积指数特征，绘制各林分密度与叶面积指数关系图，如图 4-26 所示，刺槐-油松混交林的林分密度由低到高排列。

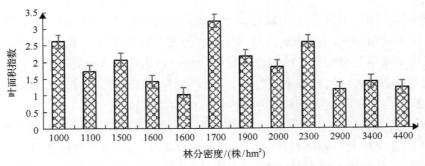

图 4-26　不同林分密度（由低到高排列）下的叶面积指数特征

由图 4-26 可知，刺槐-油松混交林的叶面积指数范围为 1.03～3.23，总体趋势呈双峰曲线，其中在林分密度为 1000 株/hm² 和 1700 株/hm² 时达到峰值，其次在 2300 株/hm² 时叶面积指数较大，其他林分密度下相对较小，说明各样地的平均叶面积均大于样地面积，刺槐-油松混交林的冠层在垂直方向上均出现重叠，林分结构呈现不同程度的复杂性，且叶面积指数越大，林分结构越复杂。其值大小总体随林分密度的增大呈先增大后减小的趋势。

11. 林层指数

调查获取的刺槐-油松混交林的优势高为 14.5m，上层树高≥9.6m，中层树高在（4.8m，9.6m），下层树高≤4.8m。根据林层指数公式，计算和表达林层指数特征。为直观描述林层指数特征，分别绘制林分密度与竞争指数关系图，如图 4-27 所示，图中刺槐-油松混交林的林分密度由低到高排列。

由图 4-27 可知，刺槐-油松混交林的林层指数取值范围为 0.18～0.42，说明林分内林木的林层指数大多集中在≤0.50 的范围，表明刺槐-油松混交林的林木分层大多集中在 1～2 层，反映出刺槐-油松混交林林层结构的多样性和垂直分布格局。林层指数的总体变化趋势为随林分密度增大而缓慢增大，在 1500 株/hm² 和 2900 株/hm² 处偶有波动。另外，林层指数与平均树高之间总体呈负相关关系。说明刺槐-油松混交林平均树高较低时，林

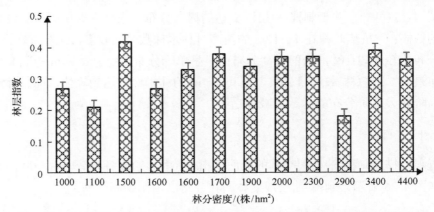

图 4-27　不同林分密度（由低到高排列）的刺槐-油松混交林林分林层指数特征

分层次较为复杂，可能存在上、中、下三层林层；而平均树高较高时，林分层次相对简单，主要集中在中、上层。

4.3.2　刺槐-油松混交林林分结构综合分析

结合上述分析发现，刺槐-油松混交林的林分结构主要影响因子包括胸径、冠幅、林分密度、郁闭度、角尺度、大小比数、混交度、林木竞争指数等林分结构因子，以及树高、叶面积指数和林层指数等结构因子。为了解两两因子之间的相关关系、探索各因子对林分结构的影响程度，对调查获取的各林分结构指标进行综合分析。

1. 一般统计分析

由各指标的均值和标准差可知（表 4-16），林分密度、树高、冠幅等的差异性较大，郁闭度、胸径、角尺度和大小比数等的差异性较小。综合上述指标来看，刺槐-油松混交林分结构总体具有较大的异质性。

表 4-16　刺槐-油松混交林林分结构指标统计表

指标名称	最小值	最大值	均值	标准差
林分密度/(株/hm²)	1000	4400	2117	997
郁闭度	0.68	0.88	0.77	0.07
胸径/cm	8.05	11.54	10.16	0.85
树高/m	6.1	10.1	7.9	1.1
冠幅/m²	5.10	10.70	7.33	1.79
叶面积指数	1.03	3.23	1.87	0.68
角尺度	0.500	0.713	0.622	0.060
大小比数	0.422	0.559	0.501	0.045
混交度	0.221	0.818	0.486	0.180
林木竞争指数	1.34	4.58	2.50	0.95
林层指数	0.18	0.42	0.32	0.08

2. 相关分析

对刺槐-油松混交林林分结构各指标进行两两之间的 Pearson 相关分析（表 4-17）。其中，林分密度与郁闭度、林木竞争指数在 0.01 水平（双侧）上显著相关，相关系数分别为 0.761 和 0.997，表明其与林木竞争指数具有极强的相关性，二者在因子分析时具有较强的可替代性。郁闭度与林木竞争指数在 0.01 水平（双侧）上显著相关，相关系数为 0.763。大小比数与林层指数在 0.05 水平（双侧）上显著相关，相关系数为–0.638。此外，其他因子之间也具有一定的相关性，但显著水平不强，相关系数绝对值相对较小。

表 4-17　刺槐-油松混交林林分结构指标相关系数表

指标名称	林分密度	郁闭度	胸径	树高	冠幅	叶面积指数	角尺度	大小比数	混交度	林木竞争指数	林层指数
林分密度	1										
郁闭度	0.761**	1									
胸径	0.091	0.353	1								
树高	0.249	0.571	0.262	1							
冠幅	0.102	0.407	0.537	0.431	1						
叶面积指数	−0.441	−0.355	−0.277	0.246	0.330	1					
角尺度	0.412	0.223	0.195	0.265	0.274	0.268	1				
大小比数	−0.089	−0.302	−0.096	−0.465	−0.269	0.088	0.218	1			
混交度	−0.201	−0.212	−0.259	0.199	0.172	0.411	−0.144	−0.55	1		
林木竞争指数	0.997**	0.763**	0.113	0.270	0.120	−0.433	0.448	−0.131	−0.171	1	
林层指数	0.209	0.061	−0.336	0.384	0.197	0.309	0.183	−0.638*	0.488	0.234	1

** 表示在 0.01 水平（双侧）上显著相关；* 表示在 0.05 水平（双侧）上显著相关。

3. 主成分分析

刺槐-油松混交林因子分析采用主成分分析法（表 4-18）。结果发现刺槐-油松混交林的林分结构可提取出 4 个主成分，其特征值分别为 3.608、2.650、1.671 和 1.430，且累积解释的方差为 85.093%，说明 4 个主成分在一定程度上反映了样本的总体情况。采用结构方程建模时，选取的林分结构因子不少于 4 个，才能有效反映样本总体特征。

表 4-18　刺槐-油松混交林林分结构中提取的主成分可解释的总方差情况

成分	初始特征值			提取平方和载入			旋转平方和载入		
	合计	方差的百分比/%	累积的百分比/%	合计	方差的百分比/%	累积的百分比/%	合计	方差的百分比/%	累积的百分比/%
1	3.608	32.804	32.804	3.608	32.804	32.804	3.188	28.979	28.979
2	2.650	24.095	56.899	2.650	24.095	56.899	2.536	23.051	52.030
3	1.671	15.191	72.090	1.671	15.191	72.090	2.071	18.829	70.860
4	1.430	13.002	85.093	1.430	13.002	85.093	1.566	14.233	85.093
5	0.594	5.402	90.494						
6	0.467	4.243	94.738						
7	0.388	3.525	98.263						
8	0.127	1.156	99.419						
9	0.051	0.466	99.885						
10	0.013	0.114	100.000						
11	0.000	0.000	100.000						

主成分分析结果得到了 4 个主成分的系数矩阵（表 4-19），第 1 主成分主要表征林分密度、郁闭度、冠幅、林层指数；第 2 主成分主要表征角尺度、混交度、林木竞争指数、树高；第 3 主成分主要表征胸径、叶面积指数；第 4 主成分主要表征大小比数。因此，在使用结构方程建模时，应尽可能将所有因子纳入建模范围，以更好地反映样本总体特征，尤其是系数大于 0.7 的指标在建模时应尽量应用。

表 4-19　刺槐-油松混交林林分结构 4 个主成分的系数矩阵

指标名称	成分			
	1	2	3	4
林分密度	0.853	−0.293	−0.328	0.206
郁闭度	0.902	−0.146	0.017	−0.173
胸径	0.394	−0.215	0.682	−0.446
冠幅	0.616	0.476	0.229	−0.064
叶面积指数	0.469	0.389	0.638	−0.108
角尺度	−0.277	0.666	0.388	0.508
大小比数	0.47	−0.013	0.329	0.715
混交度	−0.38	−0.642	0.287	0.53
林木竞争指数	−0.087	0.811	−0.21	−0.092
林层指数	0.872	−0.26	−0.317	0.204
树高	0.32	0.733	−0.391	0.206

4. 刺槐-油松混交林林分结构分析评价及其与建模的关系

刺槐-油松混交林的树高和胸径呈单峰分布，处于各指标中间区域的林木株数均在 63% 以上；冠幅呈递减分布，处于较小冠幅区间的林木株数也在 68% 以上。关于刺槐-油松混交林的林内树种，刺槐的变化趋势比油松缓和。林分密度为 1600～2000 株/hm²，郁闭度、角尺度、大小比数、混交度、林木竞争指数、林层指数等结构指标特征较稳定，林分分布较为均匀且大小分化程度较小。而刺槐-油松混交林的空间结构规律是重点，决定了刺槐-油松混交林内林木之间的竞争态势和空间生态位，影响甚至决定着林分的稳定性，从而影响林分的水土保持功能。

上述分析结果从多个角度对刺槐-油松混交林林分结构因子之间的关系进行定量化表达，总体上反映出刺槐-油松混交林林分结构的异质性；探索了两两因子之间的相关性及其显著性水平，并通过提取各因子特征来部分反映结构因子的整体属性，林分结构因子内部的关系初步确定，为后续较好地定量表达刺槐-油松混交林林分结构和水土保持功能的关系奠定基础。其中，相关分析结果可以与建模结果进行对比，验证结构与功能耦合关系模型结果的合理性。而主成分分析更是表达结构和功能之间耦合关系的 SEM 建模的前提条件，刺槐-油松混交林林分结构因子提取了 4 个主成分，说明在刺槐-油松混交林林分结构和水土保持功能的耦合关系建模时，林分结构的观测变量不能少于 4 个；同时，主成分分析还是 SEM 建模前信度检验的基础。

4.4 山杨-栎类次生林林分结构分析

4.4.1 山杨-栎类次生林林分结构特征

作为对照的山杨-栎类次生林(简称次生林)存在两种优势树种,也属于混交林,以下将重点分析传统的林分结构指标,以及林木空间分布格局、大小比数、混交度和林木竞争指数。

1. 胸径分布特征

次生林中,山杨和辽东栎单木起测胸径为 3cm,径阶为 2cm(6cm 以下的山杨和辽东栎数量较少,22cm 以上的山杨和辽东栎数量也较少,分别作为一个径阶)。对区域内次生林的样地调查数据进行统计,并绘制胸径与株数关系图(图 4-28)。

由图 4-28 可知,关于次生林的胸径分布,应分别探讨山杨、辽东栎两个优势树种的胸径:①关于山杨的胸径,处于中间径阶 8~12cm 的林木株数分布最多,占总株数的 68.33%,总体呈单峰分布,即胸径从中间径阶向双侧径阶变化时,株数呈减少趋势;②关于辽东栎的胸径,虽然在径阶 6~8cm 的林木株数分布较多,并在径阶 8cm 处达到峰值,但总体分布比较均匀。

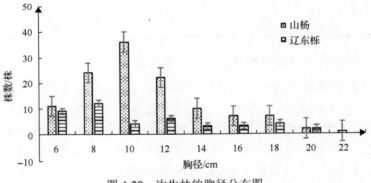

图 4-28 次生林的胸径分布图

2. 冠幅分布特征

次生林的冠幅区间每 5m² 划分为一级(两种优势树种 5m² 以下的林木较多,分别划分为二级;山杨 25m² 以上和辽东栎 30m² 以上的林木数量较少,划分为一级)。对次生林样地调查冠幅数据进行统计,绘制冠幅与株数关系图(图 4-29)。

由图 4-29 可知,关于次生林的冠幅分布,应分别探讨山杨、辽东栎两个优势树种的冠幅:①山杨的冠幅分布呈单峰曲线,处于 0~9.75m² 较小冠幅区间的林木株数分布最多,占总株数的 73.33%,尤其是 2.2~4.76 m² 的林木株数达到峰值,而从中间冠幅区间向小冠幅区间和大冠幅区间分布的林木株数呈减少趋势。②辽东栎的冠幅分布总体也

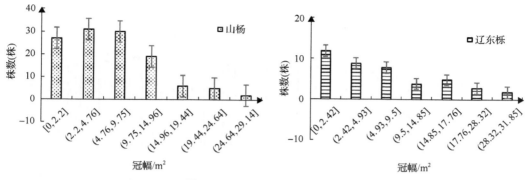

图 4-29　次生林的冠幅分布图

随冠幅区间增大而递减，处于 0~9.5m² 较小冠幅区间的林木株数分布最多，占总株数的 67.44%，0~2.42m² 处的林木株数达到峰值。次生林的优势树种相对于其他林分的优势树种来说，其冠幅分布总体比较均匀。

3. 林分密度特征

通过实地测量株距和行距后计算得出次生林林分密度，并绘制该林分密度与样地数量关系图（图 4-30）。

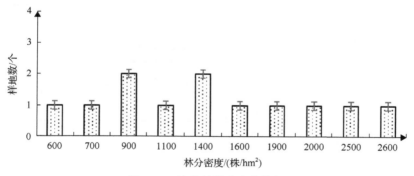

图 4-30　次生林林分密度特征

由图 4-30 可知，次生林的林分密度范围为 600~2600 株/hm²，其中 900 株/hm² 和 1400 株/hm² 的样地数量为 2 个，其他密度的样地数量为 1 个，说明区域内的次生林林分密度有一定差异。

4. 郁闭度特征

通过实地调查获取各样地的郁闭度，并绘制次生林林分密度与郁闭度关系图，如图 4-31 所示，次生林的林分密度由低到高排列。

由图 4-31 可知，次生林的郁闭度范围为 0.55~0.71，总体随林分密度增大呈单峰曲线，在 1600 株/hm² 时达到峰值，变化幅度较缓和。

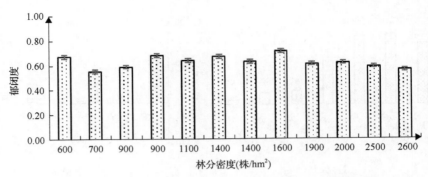

图 4-31　不同林分密度(由低到高排列)下次生林的郁闭度特征

5. 角尺度

次生林的林木空间分布格局是林分内山杨和辽东栎的生物学特性、种内和种间关系，以及林木与立地条件、环境因素等共同作用的结果，可以用角尺度来定量描述，侧重表达林木个体之间的方位。次生林林分的空间分布采用角尺度均值来描述。

调查获取的次生林林分角尺度取值范围为 0.483～0.709(表 4-20)。[0.475, 0.517]的林分比例占 41.67%，处于随机分布状态；(0.517, 0.700]的林分比例占 58.33%，处于团状分布状态，可见，次生林的林木分布格局主要呈随机分布和团状分布，符合次生林随机分布或呈一定角度分布的特点。

表 4-20　次生林角尺度分析结果

林分分布	角尺度范围	次生林平均角尺度			
随机分布	[0.475, 0.517]	0.483	0.500	0.500	0.500
		0.500			
团状分布	(0.517, 0.700]	0.523	0.556	0.583	0.594
		0.650	0.673	0.708	

6. 大小比数

调查获取的次生林林分大小比数取值范围为 0.438～0.569(表 4-21)。其中，大小比数≥0.500 的林分比例占 58.33%。可见，次生林的大小比数总体偏大，参照树与相邻木相比优势不明显。结果也表明次生林的长势比较均匀，大部分混交林生长的大小差异分化程度不大，且优势和劣势差异较小；但小部分次生林生长有一定程度的大小差异。

表 4-21　次生林大小比数分析结果

大小比范围	大小比数			
[0, 0.5)	0.438	0.455	0.472	0.481
	0.483			
[0.5, 1]	0.500	0.500	0.536	0.550
	0.550	0.563	0.569	

7. 混交度

调查获取的次生林林分混交度取值范围为 0.069~0.688。其中，混交度≥0.500 的林分比例占 41.67%，说明所有次生林林分中，树种隔离程度一般。

为直观描述次生林的林分结构状况，绘制不同林分密度的林分与角尺度、大小比数及混交度关系图，如图 4-32 所示，次生林的林分密度由低到高排列。

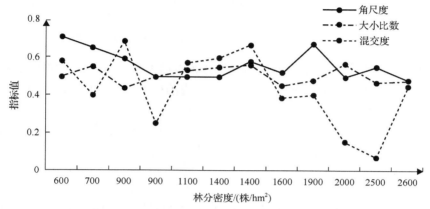

图 4-32 不同密度（由低到高排列）下次生林的角尺度、大小比数和混交度特征

由图 4-32 可知，次生林的角尺度随林分密度增大呈先减小后增大再减小的趋势，峰值分别出现在 600 株/hm² 和 1900 株/hm² 处；大小比数整体上随林分密度增大呈先缓慢增大后缓慢减小的趋势，总体波动较小，峰值分别出现在 1400 株/hm² 和 2000 株/hm² 处；混交度随林分密度增大呈多峰曲线，峰值分别出现在 900 株/hm² 和 1400 株/hm² 处。上述结果表明，次生林的角尺度和大小比数随林分密度增大总体呈先缓慢增大后缓慢减小的趋势，两者的总体趋势基本一致。也可以说，不同林分密度的次生林，角尺度和大小比数基本匹配，其分布基本呈随机分布和团状分布，长势比较均匀。而混交度与角尺度、大小比数相比，在林分密度为 1900 株/hm² 以下和 2600 株/hm² 时，变化趋势基本类似，但变化幅度较大，且在 2000~2500 株/hm² 时大幅下降。

8. 林木竞争指数

山杨-栎类次生林的林木竞争体现为种内竞争和种间竞争，可以用林木竞争指数来表示，以揭示林分内山杨和辽东栎个体相互之间的竞争程度。调查获取的次生林林分林木竞争指数取值范围为 1.16~2.81，具体情况如图 4-33 所示，次生林的林分密度由低到高排列。林木竞争指数超过 2 的样地达到 58.33%，可见次生林内存在较强的种内和种间的林木竞争。

由图 4-33 可知，林木竞争指数与林分密度存在较为密切的正相关关系，总体趋势为随林分密度增大逐渐增大，即次生林分密度较稀疏时，林分内林木竞争强度较小，反之林木竞争强度较大。此外，该指数与其他环境因子和林分结构指标的相关性显著。

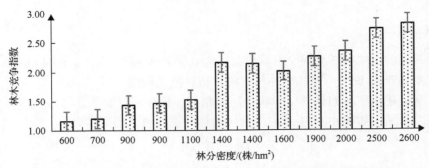

图 4-33　不同林分密度(由低到高排列)下的次生林林木竞争指数特征

综上所述,次生林在水平方向上的空间分布格局大多呈随机分布和团状分布;区域内的次生林大小分化差异程度不大;同时次生林内的林木之间有显著的竞争(包括种内竞争和种间竞争),其中 58.33%的样地竞争程度较大。说明次生林的林分结构总体均匀,但也有一定程度的异质性。由于影响因子众多,其与影响因子之间的相互关系,以及林分结构因子对功能的作用关系都需要进一步研究和揭示。

9. 树高分布特征

次生林高阶为 1m(4m 以下和 16m 以上的林木数量较少,分别作为一个高阶)。对次生林样地调查的树高数据进行统计,并绘制树高与株数关系图(图 4-34)。

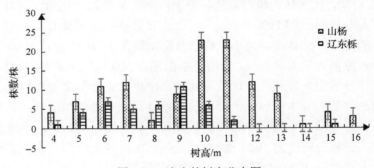

图 4-34　次生林树高分布图

由图 4-34 可知,关于次生林的树高分布,应分别探讨山杨、辽东栎两个优势树种的树高:①山杨的树高分布曲线总体呈双峰分布,处于 9~13m 中间高阶的林木株数分布最多,占总株数的 63.33%,尤其是 10~11m 的林木株数达到峰值,但值得一提的是山杨的树高处于 6~7m 较小高阶的林木株数也达到了次高峰;②虽然辽东栎的树高分布主要集中在 6~9m 的中间高阶,林木株数占总株数的 67.44%,并在 9m 处达到峰值,但总体分布比较均匀。

10. 叶面积指数

为直观描述次生林的叶面积指数特征,绘制各林分密度与叶面积指数关系图,如图 4-35 所示,次生林的林分密度由低到高排列。

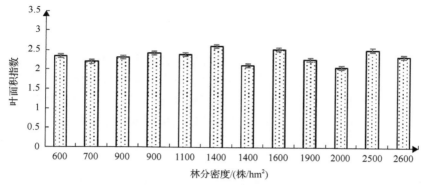

图 4-35 不同林分密度(由低到高排列)下次生林的叶面积指数特征

由图 4-35 可知,次生林的叶面积指数范围为 2.07~2.61,总体趋势为随林分密度增大逐渐增大但变化比较缓和,在林分密度为 1400 株/hm² 时达到峰值。说明各样地的平均叶面积均大于样地面积,次生林的冠层在垂直方向上均出现重叠,林分结构呈现不同程度的复杂性,且叶面积指数越大,林分结构越复杂。其值总体趋势为随林分密度的增大逐渐增大但变化比较缓和。

11. 林层指数

调查获取的次生林优势高为 14.m,上层树高≥9.6m,中层树高介于(4.8m, 9.6m),下层树高≤4.8m。根据林层指数公式,计算和表达林层指数特征。为直观描述林层指数特征,分别绘制林分密度与林层指数关系的直方图,如图 4-36 所示,次生林的林分密度由低到高排列。

由图 4-36 可知,次生林的林层指数取值范围为 0~0.45,说明林分内林木的林层指数大多集中在≤0.50 的范围,表明次生林的林木分层大多集中在 1~2 层,反映出次生林林层结构的多样性和垂直分布格局。林层指数的总体变化趋势为随林分密度增大而缓慢变化,在 900 株/hm²、1400 株/hm² 和 2600 株/hm² 处偶有波动。另外,林层指数与平均树高之间总体呈负相关关系。说明次生林平均树高较低时,林分层次较为复杂,可能存在上、中、下三层林层;而平均树高较高时,林分层次相对简单,主要集中在中、上层。

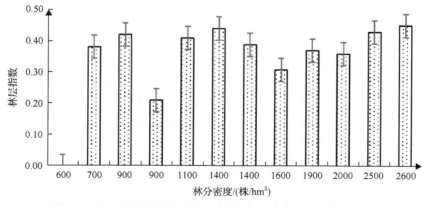

图 4-36 不同林分密度(由低到高排列)下次生林林层指数特征

4.4.2　次生林林分结构综合分析

结合上述分析，发现作为对照的次生林林分结构主要影响因子包括胸径、冠幅、林分密度、郁闭度、角尺度、大小比数、混交度、林分竞争指数等林分结构因子，以及树高、叶面积指数和林层指数等结构因子。为了解两两因子之间的相关关系、探索各因子对林分结构的影响程度，对调查获取的各林分结构指标进行综合分析。

1. 一般统计分析

由各指标的均值和标准差可知(表 4-22)，林分密度、冠幅、混交度等差异性较大，郁闭度、叶面积指数、角尺度和大小比数等差异性较小。综合上述指标来看，混交林林分结构总体具有较大的异质性。

表 4-22　次生林林分结构指标统计表

指标名称	最小值	最大值	均值	标准差
林分密度/(株/hm²)	600	2600	1467	672
郁闭度	0.55	0.71	0.63	0.05
胸径/cm	8.47	14.20	10.68	1.63
树高/m	7.0	12.2	8.8	1.5
冠幅/m²	2.80	10.90	6.14	2.29
叶面积指数	2.07	2.61	2.35	0.16
角尺度	0.483	0.708	0.564	0.077
大小比数	0.438	0.569	0.508	0.044
混交度	0.069	0.688	0.435	0.199
林木竞争指数	1.16	2.81	1.94	0.57
林层指数	0.00	0.45	0.35	0.13

2. 相关分析

对次生林林分结构各指标进行两两之间的 Pearson 相关分析(表 4-23)。其中，林分密度与林木竞争指数在 0.01 水平(双侧)上显著相关，相关系数为 0.973，二者具有极强的相关性，在因子分析时具有较强的可替代性。胸径与冠幅在 0.01 水平(双侧)上显著相关，相关系数为 0.777；与树高在 0.05 水平(双侧)上显著相关，相关系数为 0.638。冠幅与林分密度、郁闭度、树高和林木竞争指数在 0.05 水平(双侧)上显著相关，相关系数分别为 –0.593、0.594、0.687 和 –0.594。此外，其他因子之间的也具有一定的相关性，但显著水平不强，相关系数也相对较小。

表 4-23　次生林林分结构指标相关系数表

指标名称	林分密度	郁闭度	胸径	树高	冠幅	叶面积指数	角尺度	大小比数	混交度	林木竞争指数	林层指数
林分密度	1										
郁闭度	−0.298	1									
胸径	−0.391	0.265	1								
树高	−0.350	0.545	0.638*	1							
冠幅	−0.593*	0.594*	0.777**	0.687*	1						
叶面积指数	0.066	0.447	0.176	0.296	0.270	1					
角尺度	−0.415	−0.179	−0.006	−0.098	0.002	−0.291	1				
大小比数	−0.148	−0.02	0.308	0.026	−0.033	−0.446	−0.131	1			
混交度	−0.507	0.096	0.030	−0.034	0.371	−0.027	0.244	0.033	1		
林木竞争指数	0.973**	−0.216	−0.418	−0.315	−0.594*	0.086	−0.448	−0.049	−0.404	1	
林层指数	0.523	−0.516	−0.012	−0.247	−0.243	0.005	−0.470	0.076	−0.023	0.556	1

** 表示在 0.01 水平(双侧)上显著相关；* 表示在 0.05 水平(双侧)上显著相关。

3. 主成分分析

次生林因子分析采用主成分分析法(表 4-24)。结果发现次生林的林分结构可提取出 4 个主成分,其特征值分别为 4.065、2.228、1.538 和 1.099,且累积解释的方差为 81.187%,说明 4 个主成分能够在一定程度上反映样本的总体情况。采用结构方程建模时,选取的林分结构因子不少于 4 个,才能有效反映样本总体特征。

表 4-24　次生林林分结构中提取的主成分可解释的总方差情况

成分	初始特征值			提取平方和载入			旋转平方和载入		
	合计	方差的百分比/%	累积的百分比/%	合计	方差的百分比/%	累积的百分比/%	合计	方差的百分比/%	累积的百分比/%
1	4.065	36.959	36.959	4.065	36.959	36.959	3.245	29.498	29.498
2	2.228	20.254	57.213	2.228	20.254	57.213	2.292	20.834	50.332
3	1.538	13.983	71.196	1.538	13.983	71.196	1.783	16.212	66.543
4	1.099	9.991	81.187	1.099	9.991	81.187	1.611	14.644	81.187
5	0.839	7.624	88.812						
6	0.443	4.024	92.836						
7	0.398	3.615	96.45						
8	0.275	2.497	98.948						
9	0.109	0.993	99.941						
10	0.006	0.058	99.999						
11	0	0.001	100						

主成分分析结果得到了 4 个主成分的系数矩阵(表 4-25),第①主成分主要表征林分密度、郁闭度、胸径、冠幅、叶面积指数、林层指数;第②主成分主要表征角尺度、大小比数;第③主成分主要表征胸径、混交度;第④主成分主要表征林木竞争指数。因此,在使用结构方程建模时,应尽可能将所有因子纳入建模范围,以更好反映样本总体特征,尤其是系数大于 0.7 的指标在建模时应尽量应用。

表 4-25　次生林林分结构 4 个主成分的系数矩阵

指标名称	成分			
	1	2	3	4
林分密度	−0.856	0.405	−0.033	−0.083
郁闭度	0.608	0.469	−0.264	−0.232
胸径	0.661	0.322	0.504	0.008
冠幅	0.677	0.49	0.115	−0.19
叶面积指数	0.874	0.296	0.118	0.207
角尺度	0.187	0.689	−0.465	0.256
大小比数	0.279	−0.726	−0.274	−0.088
混交度	0.064	−0.156	0.823	−0.287
林木竞争指数	0.401	−0.355	0.008	0.708
林层指数	−0.837	0.423	0.01	−0.042
树高	−0.57	0.284	0.466	0.548

4. 次生林林分结构综合分析评价及其与建模的关系

次生林的树高和胸径呈单峰分布,处于各指标中间区域的林木株数均在 63%以上;冠幅呈递减分布,处于较小冠幅区间的林木株数也在 67%以上。次生林的林内树种,相较而言,辽东栎的变化趋势比山杨缓和。林分密度为 1400~1600 株/hm² 时,郁闭度、角尺度、大小比数、混交度、林木竞争指数、叶面积指数、林层指数等结构指标特征较稳定,林分分布较均匀且大小分化程度较小。而次生林的空间结构规律是重点,决定了次生林内林木之间的竞争态势和空间生态位,影响甚至决定着林分的稳定性,从而影响林分的水土保持功能。林分结构主要表现为两个方面。次生林林分结构相关指数的分析方法与刺槐林相同。

上述分析结果从多个角度对次生林林分结构因子之间的关系进行了定量化表达,总体反映出次生林林分结构的异质性;探索了两两因子之间的相关性和及其显著性水平,并通过提取各因子特征来部分反映结构因子的整体属性,林分结构因子内部的关系初步确定,也为后续较好地表达人工林与对照次生林之间林分结构和水土保持功能关系的差异性奠定了基础。

4.5 不同植被群落结构特征对比

4.5.1 胸径分布

基于胸径数值分析,纯林中油松林的树干整体长势优于刺槐林;刺槐-油松混交林中,油松的树干长势优于刺槐纯林、但劣于油松纯林,而刺槐胸径长势与刺槐纯林基本一致;次生林中辽东栎树干长势比山杨差。

对比纯林和刺槐-油松混交林中刺槐、油松的胸径分布可知,刺槐胸径在纯林中的径阶分布比在刺槐-油松混交林中更集中(75.34%>64.49%);而与之相反,油松胸径在刺槐-油松混交林中的径阶分布比在纯林中更集中(76.27%<80.49%)。可见,刺槐-油松混交林与纯林的林分结构存在较大的异质性。对比人工林与次生林中优势树种的胸径分布可知,次生林的胸径分布相对较均匀。

4.5.2 冠幅分布

基于冠幅区间数值分析,纯林中油松林的树冠整体长势优于刺槐林;刺槐-油松混交林中油松和刺槐冠幅都集中在 $9.92m^2$ 以下,树冠长势劣于油松纯林及刺槐纯林;次生林中辽东栎树冠长势比山杨略差。

对比纯林和刺槐-油松混交林中刺槐、油松的冠幅分布可知,刺槐冠幅在纯林中的冠幅分布比在刺槐-油松混交林中更集中(71.67%>68.22%);而与之相反,油松冠幅在刺槐-油松混交林中的冠幅分布比在纯林中更集中(73.45%<86.99%)。可见,刺槐-油松混交林的林分结构与纯林的结构存在较大的异质性。对比人工林与次生林中优势树种的冠幅分布可知,次生林的冠幅分布相对较均匀。

4.5.3 郁闭度

各林分类型的郁闭度从大到小依次排列为刺槐-油松混交林>油松林>刺槐林>山杨-栎类次生林,即刺槐-油松混交林的郁闭度与其他林分类型相比略大,区域内针叶林相对阔叶林的郁闭度大,刺槐-油松混交林相对纯林、次生林的郁闭度大。

从不同的林分密度看,各林分类型的郁闭度与自身林分密度的相关性存在差异。人工纯林的郁闭度主要呈随林分密度增大而波动的趋势,刺槐-油松混交林和次生林的郁闭度总体趋势是随林分密度增大而逐渐增大。同时,各林分的郁闭度经常出现林分密度增大后略微减小的情况,如高密度油松林、中高密度刺槐林、中密度刺槐-油松混交林及高密度次生林等。

4.5.4 角尺度、大小比数和混交度

各林分类型的角尺度和大小比数随林分密度变化的趋势大致类似,说明同一种林分的角尺度和大小比数具有较强的关联性。林分角尺度表明各林分大多数呈现出团状分布的空间分布格局;大小比数表明各林分中长势相对均匀的林分占比较大,说明林分长势

的大小差异较小，相对比较均匀。

刺槐纯林和油松纯林的混交度为 0。刺槐-油松混交林和次生林的混交度均在总体趋势上与角尺度和大小比数保持了一定的关联性和相似性，但其变化幅度均较角尺度和大小比数大。

4.5.5　林分密度和林木竞争指数

各林分类型的林分密度差异性较大，刺槐林的林分密度范围较大，油松林相对稀疏，刺槐-油松混交林相对密集。次生林的林分差异也较大，但因其作为对照，样地数量相对于其他林分类型较少。

各林分类型的林木竞争指数与林分密度均存在较密切的正相关关系，总体趋势为随林分密度增大逐渐增大，即林分密度较稀疏时，林分内林木竞争强度较小，反之林木竞争强度较大，但各林分类型的变化幅度不同。

4.5.6　树高分布

基于树高数值分析，纯林中刺槐林的树高长势优于油松纯林；刺槐-油松混交林中，油松树高长势优于刺槐、但劣于油松纯林及刺槐纯林；次生林中辽东栎树高长势比山杨差。

对比纯林和刺槐-油松混交林中刺槐、油松的树高分布可知，刺槐树高在纯林中的高阶分布比在刺槐-油松混交林中更集中（77.66%＞63.55%）；类似地，油松胸径在纯林中的径阶分布也比在刺槐-油松混交林中更集中（84.75%＞64.23%）。可见，刺槐-油松混交林的林分结构与纯林的结构存在较大的异质性，并且其树高分布比纯林更分散。对比人工林与次生林可知，次生林的树高比人工林总体要高，且次生林的树高分布相对分散和均匀。

4.5.7　叶面积指数

各林分类型的叶面积指数最大值从大到小依次排列为刺槐林＞刺槐-油松混交林＞油松林＞山杨-栎类次生林；最小值从大到小依次排列为山杨-栎类次生林＞油松林＞刺槐-油松混交林＞刺槐林，与最大值的排列正好相反。因此，刺槐林的叶面积指数范围跨度大，而次生林的叶面积指数范围较窄，这一结果与样品数量和林分密度的变化有一定关系。

从不同的林分密度看，各林分类型的郁闭度与自身林分密度的相关性有差异。次生林的叶面积指数受林分密度的影响较小，人工林受林分密度的影响较大。

4.5.8　林层指数

各林分类型的林层指数与平均树高之间总体呈负相关关系，林木的林层指数大多集中在≤0.50 的范围，林木大多分布为 2 层。

从不同的林分密度和林层指数的数值看，刺槐林值域为 0～0.48，总体趋势为随林分密度增大呈双峰曲线；油松林值域为 0～0.50，总体趋势为随林分密度增大而多次波动；

刺槐-油松混交林值域为 0.18～0.42，总体趋势为随林分密度增大而缓慢增大；次生林值域为 0～0.45，总体趋势为随林分密度增大而缓慢波动。各林分类型的郁闭度与自身林分密度的相关性存在差异。

4.6　不同植被群落结构相似性和差异性

4.6.1　不同植被群落结构的相似性

以次生林为对照，对比分析区域内人工林林分和次生林的各项结构指标后发现，不同林分存在以下 4 个方面的相似性。

1)不同林分的胸径分布和树高均呈单峰曲线分布，即随径阶和高阶增加呈现先增大后减小的趋势；冠幅分布总体呈随冠幅区间增大而逐渐减小的趋势。

2)不同林分自身的角尺度和大小比数随林分密度变化的趋势大致类似，说明同一种林分的角尺度和大小比数具有较强的关联性。林分角尺度表明各林分大多数呈团状分布的空间分布格局，并且其长势相对均匀的林分占比较大，说明林分长势的大小差异较小，相对比较均匀。

3)刺槐和油松纯林的混交度为 0。刺槐-油松混交林和山杨-栎类次生林的混交度均在总体趋势上与角尺度和大小比数保持了一定的关联性和相似性，但其变化幅度均较角尺度和大小比数大。

4)不同林分的林层指数与平均树高之间总体呈负相关关系，说明刺槐林分平均树高较低时，林分层次较为复杂，可能存在上、中、下三层林层；而平均树高较高时，林分层次相对简单，主要集中在中、上层，并且林木的林层指数大多集中在≤0.50 的范围，林木大多分布为 2 层。

4.6.2　不同植被群落结构差异性

将人工林与次生林相对照，虽然不同林分具有一定的相似规律，但也存在更多的差异，主要包括以下 8 个方面。

1)不同林分胸径分布的变化趋势有差异。通过对比纯林和刺槐-油松混交林中刺槐、油松的胸径分布可知，刺槐胸径在纯林中的径阶分布比在刺槐-油松混交林中更集中(75.34%＞64.49%)；与之相反，油松胸径在刺槐-油松混交林中的径阶分布比在纯林中更集中(76.27%＜80.49%)。可见，刺槐-油松混交林与纯林的胸径分布有较大的异质性。而人工林与次生林相比，次生林的胸径分布更均匀。

2)不同林分树高分布有差异。通过对比纯林和刺槐-油松混交林中刺槐、油松的树高分布可知，刺槐树高在纯林中的高阶分布比在刺槐-油松混交林中更集中(77.66%＞63.55%)；类似地，油松树高在纯林中的高阶分布也比在刺槐-油松混交林中更集中(84.75%＞64.23%)。可见，刺槐-油松混交林与纯林的树高分布有较大的异质性，并且其树高分布比纯林更分散。而人工林与次生林相比，次生林的树高比人工林总体要高，且次生林的树高分布相对分散和均匀。

3) 不同林分冠幅分布差别较大。通过对比纯林和刺槐-油松混交林中刺槐、油松的冠幅分布可知，刺槐冠幅在纯林中的分布比在刺槐-油松混交林中更集中（71.67%＞68.22%）；与之相反，油松冠幅在刺槐-油松混交林中的冠幅分布比在纯林中更集中（73.45%＜86.99%）。可见，刺槐-油松混交林与纯林的冠幅分布有较大的异质性。而人工林与次生林相比，次生林的冠幅分布相对更均匀。从冠幅区间数值分析，油松林的树冠整体长势优于刺槐林，而在刺槐-油松混交林中油松和刺槐冠幅都集中在 9.92m² 以下，树冠长势劣于油松纯林及刺槐纯林；次生林中辽东栎树冠长势比山杨略差。

4) 不同林分郁闭度的数值大小相对于其他指标来说差距较小。各林分类型的郁闭度从大到小依次排列：刺槐-油松混交林＞油松林＞刺槐林＞山杨-栎类次生林。从与林分密度相关的变化趋势来看，人工纯林的郁闭度主要呈波动态势，刺槐-油松混交林和次生林的郁闭度总体趋势是随林分密度增大而逐渐增大。同时，各林分的郁闭度也常出现林分密度先增大后略微减小的情况。

5) 不同林分的叶面积指数差异较大。各林分类型叶面积指数的最大值从大到小依次排列：刺槐林＞刺槐-油松混交林＞油松林＞山杨-栎类次生林；最小值从大到小依次排列：山杨-栎类次生林＞油松林＞刺槐-油松混交林＞刺槐林，与最大值排列正好相反。可见，刺槐林的叶面积指数范围跨度较大，而次生林的叶面积指数范围较窄，可能受调查林分的密度梯度差异影响。另外，各林分类型的叶面积指数与自身林分密度的相关性强弱各不相同，次生林的叶面积指数受林分密度的影响较小，而人工林的叶面积指数受林分密度的影响较大。

6) 不同林分的角尺度除大部分是团状分布以外，各林分类型还呈现出较小比例其他的空间分布格局。其中，刺槐林和油松林有较多的随机分布和较少的均匀分布；刺槐-油松混交林和山杨-栎类次生林存在随机分布，不存在均匀分布。人工林与次生林相比，刺槐-油松混交林的空间分布格局与次生林更为接近。

7) 不同林分大小比数的取值范围有所不同。刺槐林值域为 0.125～0.750，大小比数≥0.500 的林分比例占 56.25%；油松林值域为 0.250～0.625，大小比数≥0.500 的林分比例占 75%；刺槐-油松混交林值域为 0.422～0.559，大小比数≥0.500 的林分比例占 58.33%；次生林值域为 0.438～0.569，大小比数≥0.500 的林分比例占 58.33%。人工纯林和刺槐-油松混交林相比，刺槐-油松混交林的树木大小差异较小；而人工林与次生林相比，刺槐-油松混交林的大小差异程度与次生林更相似。

8) 不同林分林层有所不同。首先，各林分的优势高不同导致不同林分的林层划分不同。其次，林层指数随林分密度变化呈现出一定差异：刺槐林值域为 0～0.48，总体趋势为随林分密度的增大呈双峰曲线；油松林值域为 0～0.50，总体趋势为随林分密度增大而多次波动；刺槐-油松混交林值域为 0.18～0.42，总体趋势为随林分密度增大而缓慢增大；次生林值域为 0～0.45，总体趋势为随林分密度增大而缓慢波动。可见，林层指数变化趋势各不相同，表现出较强的异质性和复杂性，说明林分的林分结构因子内部关系更复杂。

综上所述，不同林分类型之间的林分结构有一定的相似性和较大的差异性。从林分结构因子来说，不同林分结构呈现的规律性较强。刺槐的各项指标变化趋势均比油松相对缓和，说明刺槐林林分的异质性相对于油松林较弱，林分长势相对于油松林均匀。纯林与刺槐-油松混交林相比，刺槐-油松混交林的各项指标变化趋势均比纯林缓和，说明刺槐-油松混交林的林分结构相对于纯林更合理。人工林与次生林相比，刺槐-油松混交林的各项指标变化趋势与次生林更相似，说明刺槐-油松混交林比纯林更适合区域的立地条件和生长环境。不同林分结构呈现各不相同的变化，呈现的规律性较弱。

4.7　小　　结

本章探索和分析了区域内不同林分结构，包括对林分结构的各指标进行特征分析、一般统计分析、相关分析和主成分分析，实现部分结构因子的定量化表达，在此基础上对不同林分结构进行综合评述，为探索林分结构与水土保持功能之间的耦合关系奠定了坚实的基础。主要结论如下：刺槐林、油松林和刺槐-油松混交林及次生林的胸径和树高的分布均呈单峰曲线（即正态分布）、冠幅分布随冠幅区间增大而逐渐减小，林分大多呈现出团状分布的空间分布格局，林分长势比较均匀。其中，次生林分布比人工林更均匀，一定程度上说明次生林比人工林更适合该区域的立地条件。人工林和次生林的郁闭度大小排序为：刺槐-油松混交林＞油松林＞刺槐林＞次生林；角尺度大多为团状分布，存在少量随机和均匀分布；刺槐-油松混交林的树木大小差异相对于纯林较小，其差异程度和空间分布更接近次生林。各林分的叶面积指数值域范围差异较大，其中，次生林的叶面积指数受林分密度的影响较小，而人工林的叶面积指数受林分密度的影响大。上述分析对于确定不同林分结构的基本特征、双因子之间的相关关系，以及符合建模最低限度的指标数量有重要意义，为探索多因子耦合关系做好铺垫，也为确定优化调控林分结构措施配置提供参考。此外，相关分析的结果还可以验证耦合关系模型拟合结果的合理性。

第5章 水土保持功能分析

由前人的研究成果(张超等, 2016)可知, 黄土高原地区的水土保持功能主要包括涵养水源、保育土壤和拦沙减沙三项内容, 每项功能可以由多个指标定性或定量表达。书中主要选取经典的或已广泛应用于林分结构和水土保持研究的指标来表征黄土高原林分水土保持功能。

涵养水源功能主要体现为林冠截留、枯落物蓄水和表层土渗吸3个方面, 这些指标均能通过实验设计在各林分中实地观测获取, 主要由林冠截留量、枯落物未分解层和半分解层的最大持水量(率)、表层土壤入渗率等指标来量化, 目前已对这些指标做了大量研究, 是水土保持工作中关注度极高、应用范围广泛的指标。

保育土壤功能主要有土壤的抗蚀抗冲性、土壤水分和肥力保护等, 都与土壤的物理和化学特性有关。目前普遍研究认为, 土壤的水分和养分对于保育土壤有至关重要的作用, 其中土壤含水量和土壤最大持水量是应用广泛的土壤水分表征指标; 而氮(包括全氮和速效氮)、磷(包括全磷和速效磷)、有机质等含量是林分内土壤养分的敏感性指标。

拦沙减沙功能主要体现在林分对径流和泥沙的影响上, 具体来说是在次降雨后林分与裸地(非林地)对比, 产流量和产沙量的变化量。显然, 不同林分的产流量和产沙量是经典的反向指标。

综上所述, 以指标广泛应用和便于测量为原则, 参考大量与水土保持相关的研究文献和实际工作应用情况, 筛选出适用于黄土高原的表征水土保持功能的指标(表5-1), 用于表达不同林分的水土保持功能。

表 5-1 不同林分的水土保持功能因子指标

序号	水土保持功能分类	表征指标
1		林分平均林冠截留率/%
2	涵养水源	枯落物未分解层最大持水率/%
3		枯落物半分解层最大持水率/%
4		表层土壤入渗率/(mm/h)
5		土壤质量含水量/%
6		土壤最大持水量/%
7		土壤全氮含量(TN)/(g/kg)
8	保育土壤	土壤氨氮含量(NH$_3$-N)/(mg/kg)
9		土壤硝态氮含量(NO$_3$-N)/(mg/kg)
10		土壤全磷含量(TP)/(g/kg)
11		土壤速效磷含量(AP)/(mg/kg)
12		土壤有机质含量/(g/kg)
13	拦沙减沙	场均产流量/mm
14		场均产沙量/(t/km^2)

5.1　刺槐林的水土保持功能

5.1.1　刺槐林的水土保持功能因子分析

1. 一般统计分析

对刺槐林各水土保持功能指标进行一般统计分析(表 5-2)。由各指标的均值和标准差可知,各林分的林冠截留率、土壤入渗率、土壤含水量和土壤最大持水量等指标差异性较大,枯落物持水率的差异性较小。综合上述指标来看,每一个刺槐林林分的水土保持功能总体上存在不同程度的异质性。

表 5-2　刺槐林水土保持功能指标统计表

指标名称	最小值	最大值	均值	标准差
林冠截留率/%	9.0	26.9	18.6	3.5
未分解枯落物持水率/%	2.95	10.27	4.68	0.95
半分解枯落物持水率/%	2.06	5.94	4.05	0.73
土壤入渗率/(mm/h)	79.41	516.86	325.75	134.05
土壤含水量/%	5.66	33.97	12.93	5.70
土壤最大持水量/%	34.60	75.45	48.20	7.56
全氮/(g/kg)	0.130	2.215	0.656	0.424
氨氮/(mg/kg)	2.792	42.071	18.412	8.560
硝氮/(mg/kg)	0.120	88.397	11.051	13.471
全磷/(g/kg)	0.034	7.599	0.677	1.022
速效磷/(mg/kg)	0.160	117.645	33.496	15.940
土壤有机质/(g/kg)	1.314	55.604	12.627	8.992
产流量/mm	32.11	72.16	50.76	7.45
产沙量/(t/km^2)	271	826	413	111

2. 相关分析

对刺槐林的各水土保持功能指标进行两两之间的 Pearson 相关分析(表 5-3)。其中,灌木的多样性指数与均匀度指数之间存在显著的相关关系,草本的多样性指数与均匀度指数之间存在显著的相关关系,均在 0.01 水平(双侧)上显著相关,相关系数分别为 0.950、0.767、0.898 和 0.976、0.591、0.678。灌木的 Shannon-wiener 指数和 Simpson 多样性指数还与土壤入渗率在 0.01 水平(双侧)上显著相关,相关系数分别为 0.283 和 0.284;与硝氮和速效磷在 0.05 水平(双侧)上显著相关,相关系数分别为−0.215、−0.234 和−0.219、−0.234。灌木的 Pielou 均匀度指数与 Simpson 多样性指数类似,与土壤入渗率、硝氮和速效磷在 0.05 水平(双侧)上显著相关,相关系数分别为 0.221、−0.254 和−0.259。草本的 Shannon- wiener 指数和 Simpson 多样性指数与土壤最大持水量和硝氮在 0.01 水平(双侧)

表 5-3　刺槐林水土保持功能指标相关系数表

指标名称	灌木H′	灌木P	灌木E	草本H′	草本P	草本E	林冠截留率	未分解枯落物持水率	半分解枯落物持水率	土壤入渗率	土壤含水量	土壤最大持水量	全氮	氨氮	硝氮	全磷	速效磷	土壤有机质	产流量	产沙量
灌木H′	1																			
灌木P	0.950**	1																		
灌木E	0.767**	0.898**	1																	
草本H′	0.135	0.099	0.127	1																
草本P	0.073	0.025	0.067	0.976**	1															
草本E	-0.135	-0.167	-0.107	0.591**	0.678**	1														
林冠截留率	-0.136	-0.099	-0.069	0.193	0.207*	0.082	1													
未分解枯落物持水率	0.109	0.029	-0.016	0.147	0.140	-0.048	0.031	1												
半分解枯落物持水率	0.048	0.027	0.001	0.190	0.146	0.014	0.032	0.378**	1											
土壤入渗率	0.283*	0.284**	0.221*	-0.209*	-0.237*	0.033	-0.083	-0.117	-0.043	1										
土壤含水量	0.143	0.146	0.054	0.032	0.034	0.009	0.061	-0.088	0.297**	-0.116	1									
土壤最大持水量	-0.192	-0.175	-0.142	-0.482**	-0.480**	-0.209*	-0.078	-0.152	-0.152	0.203*	0.017	1								
全氮	0.118	0.101	0.056	0.045	0.017	-0.020	-0.061	0.039	0.048	0.194	-0.220*	0.051	1							
氨氮	0.017	0.101	0.042	-0.132	-0.211*	-0.210*	-0.045	-0.248*	-0.112	0.262**	0.046	0.130	0.104	1						
硝氮	-0.215*	-0.219*	-0.254*	-0.279**	-0.285**	-0.064	-0.033	-0.039	-0.004	-0.096	-0.180	0.105	0.157	0.084	1					
全磷	0.035	0.022	0.017	-0.012	0.026	0.055	-0.016	-0.010	-0.028	-0.056	0.097	-0.032	-0.095	0.034	0.045	1				
速效磷	-0.234*	-0.234*	-0.259*	-0.180	-0.218*	-0.189	-0.027	-0.073	-0.003	-0.179	0.009	0.132	0.030	0.127	0.222*	0.004	1			
土壤有机质	0.071	0.072	0.092	-0.031	-0.007	0.106	-0.110	0.062	-0.009	0.086	-0.114	0.020	0.519**	0.076	-0.002	0.398**	-0.084	1		
产流量	0.171	0.161	0.100	-0.074	-0.136	-0.100	-0.704**	-0.069	0.056	0.314**	0.103	0.016	0.076	0.232*	-0.052	-0.055	0.003	0.037	1	
产沙量	0.133	0.129	0.079	-0.116	-0.143	-0.116	-0.664**	-0.055	0.079	0.256*	0.160	0.005	0.044	0.223*	-0.036	-0.049	-0.011	-0.007	0.935**	1

** 表示在0.01水平（双侧）上显著相关；* 表示在0.05水平（双侧）上显著相关。

上显著相关,相关系数分别为-0.482、-0.279 和-0.480、-0.285。草本的 Pielou 均匀度指数与土壤最大持水量和氨氮在 0.05 水平(双侧)上显著相关,相关系数分别为-0.209 和 -0.210。可见,刺槐林生物多样性指数的显著相关因子主要为土壤入渗率、土壤最大持水量,以及 N、P 等土壤肥力指标。

此外,林冠截留率与产流量和产沙量在 0.01 水平(双侧)上显著负相关,相关系数分别为-0.704 和-0.664。未分解层的枯落物最大持水率与氨氮在 0.05 水平(双侧)上显著负相关,相关系数为-0.248。半分解层的枯落物最大持水率与土壤含水量在 0.01 水平(双侧)上显著正相关,相关系数为 0.297。土壤入渗率与氨氮和产流量在 0.01 水平(双侧)上显著正相关,相关系数分别为 0.262 和 0.314;与产沙量在 0.05 水平(双侧)上显著正相关,相关系数为 0.256。土壤有机质与全氮和硝氮在 0.01 水平(双侧)上显著正相关,相关系数分别为 0.519 和 0.398。产流量与产沙量在 0.01 水平(双侧)上显著正相关,相关系数为 0.935。其他因子之间也具有一定的相关性,但显著水平不强,相关系数也相对较小。

3. 主成分分析

刺槐林因子分析采用主成分分析法(表 5-4)。结果发现刺槐林的水土保持功能因子可提取出 8 个主成分,其特征值分别为 3.444、3.376、2.103、1.866、1.507、1.180、1.105 和 1.004,且累积解释的方差为 77.922%,说明 8 个主成分能在一定程度上反映样本的总体情况。采用结构方程建模时,选取的林分结构因子不少于 8 个,才能有效反映样本总体特征。

表 5-4　刺槐林水土保持功能因子中提取的主成分可解释的总方差情况

成分	初始特征值			提取平方和载入			旋转平方和载入		
	合计	方差的百分比/%	累积的百分比/%	合计	方差的百分比/%	累积的百分比/%	合计	方差的百分比/%	累积的百分比/%
1	3.444	17.218	17.218	3.444	17.218	17.218	2.995	14.973	14.973
2	3.376	16.879	34.097	3.376	16.879	34.097	2.920	14.601	29.574
3	2.103	10.515	44.612	2.103	10.515	44.612	2.587	12.936	42.510
4	1.866	9.332	53.944	1.866	9.332	53.944	1.832	9.160	51.671
5	1.507	7.534	61.478	1.507	7.534	61.478	1.506	7.528	59.198
6	1.180	5.898	67.375	1.180	5.898	67.375	1.364	6.819	66.018
7	1.105	5.526	72.901	1.105	5.526	72.901	1.285	6.426	72.444
8	1.004	5.021	77.922	1.004	5.021	77.922	1.096	5.478	77.922
9	0.898	4.489	82.411						
10	0.748	3.742	86.154						
11	0.651	3.253	89.407						
12	0.559	2.796	92.203						
13	0.472	2.36	94.562						
14	0.378	1.888	96.451						
15	0.311	1.557	98.008						
16	0.201	1.004	99.011						
17	0.122	0.609	99.62						
18	0.053	0.267	99.887						
19	0.013	0.067	99.954						
20	0.009	0.046	100						

主成分分析结果得到 8 个主成分的系数矩阵(表 5-5)。在使用结构方程建模时,应尽可能将所有功能因子纳入建模范围,以更好地反映样本总体特征,尤其是系数大于 0.7 的指标在建模时应尽量使用。

表 5-5　刺槐林水土保持功能因子 8 个主成分的系数矩阵

指标名称	成分							
	1	2	3	4	5	6	7	8
灌木 H'	0.602	0.623	−0.343	0.008	0.106	0.049	−0.101	−0.014
灌木 P	0.641	0.611	−0.407	−0.015	0.052	0.098	−0.091	−0.056
灌木 E	0.547	0.599	−0.407	−0.003	−0.018	0.032	−0.125	−0.047
草本 H'	−0.382	0.767	0.338	0.106	−0.128	0.127	0.032	−0.169
草本 P	−0.467	0.752	0.34	0.113	−0.164	0.093	0.003	−0.076
草本 E	−0.436	0.422	0.366	0.222	−0.386	0.054	0.081	0.29
林冠截留率	−0.583	0.129	−0.538	−0.052	−0.058	0.168	0.346	−0.076
未分解枯落物持水率	−0.128	0.229	0.039	0.12	0.686	−0.333	0.041	0.072
半分解枯落物持水率	−0.052	0.233	0.219	−0.047	0.679	0.149	0.431	0.117
土壤入渗率	0.53	0.009	−0.085	0.173	−0.341	−0.159	0.458	0.232
土壤含水量	0.093	0.156	0.104	−0.487	0.219	0.504	0.311	0.216
土壤最大持水量	0.177	−0.565	−0.182	−0.029	−0.124	−0.083	0.311	0.275
全氮	0.183	0.015	−0.023	0.754	0.05	0.117	0.194	−0.098
氨氮	0.362	−0.216	−0.002	−0.009	−0.304	0.477	0.246	−0.269
硝氮	−0.056	−0.46	−0.02	0.486	0.197	0.305	−0.24	0.113
全磷	−0.037	0.031	−0.041	−0.177	−0.03	0.407	−0.427	0.599
速效磷	−0.08	−0.442	0.064	−0.037	0.191	0.397	−0.121	−0.447
土壤有机质	0.124	−0.014	−0.026	0.812	0.115	0.177	−0.021	0.16
产流量	0.706	−0.036	0.661	−0.032	−0.018	−0.034	−0.019	−0.022
产沙量	0.67	−0.041	0.675	−0.086	0.022	−0.01	−0.013	−0.03

5.1.2　刺槐林水土保持功能综合评价

上述分析结果从多个角度对刺槐林的水土保持功能因子之间的关系进行定量化表达,总体反映出刺槐林各项水土保持功能的差异性;探索了两两因子之间的相关性及其显著性水平,并通过提取各因子特征来部分反映功能因子的整体属性,刺槐林水土保持功能因子内部的关系初步确定,也为后续较好地定量表达刺槐林分结构和水土保持功能的关系奠定基础。

其中,相关分析结果可以与建模结果进行对比,验证结构与功能耦合关系模型结果的合理性。而主成分分析更是表达结构和功能之间耦合关系的结构方程模型建模的前提条件,刺槐林功能因子提取了 8 个主成分,说明在刺槐林林分结构和水土保持功能的耦合关系建模时,林分水土保持功能的观测变量应不少于 8 个;同时,主成分分析还是 SEM 建模前信度分析的基础。

5.2　油松林的水土保持功能

5.2.1　油松林的水土保持功能因子分析

1. 一般统计分析

对油松林各水土保持功能指标进行一般统计分析(表 5-6)。由各指标的均值和标准差可知,各林分的氨氮、硝氮、土壤有机质和产沙量等指标差异性较大,土壤含水量和土壤最大持水量的差异性较小。综合上述指标来看,每一个油松林分的水土保持功能总体上存在不同程度的异质性。

表 5-6　油松林水土保持功能指标统计表

指标名称	最小值	最大值	均值	标准差
林冠截留率/%	8.7	20.4	15.3	3.4
未分解枯落物持水率/%	2.62	7.32	3.34	1.15
半分解枯落物持水率/%	2.73	5.40	3.72	0.59
土壤入渗率/(mm/h)	219.30	277.05	236.16	24.49
土壤最大持水量/%	25.54	61.00	46.66	8.31
全氮/(g/kg)	0.178	1.757	0.707	0.526
氨氮/(mg/kg)	17.721	34.425	25.408	5.160
硝氮/(mg/kg)	1.557	13.333	6.673	2.915
全磷/(g/kg)	0.471	1.817	0.667	0.341
速效磷/(mg/kg)	25.515	55.658	36.373	7.971
土壤有机质/(g/kg)	3.489	18.969	9.262	3.993
产流量/mm	65.42	78.02	72.52	3.08
产沙量/(t/km^2)	361	604	463	88

2. 相关分析

对油松林的各水土保持功能指标进行两两之间的 Pearson 相关分析(表 5-7)。其中,灌木和草本的多样性指数和均匀度指数之间存在显著的相关关系,尤其是灌木和草本各自的 Shannon-wiener 指数和 Simpson 多样性指数在 0.01 水平(双侧)上显著相关,相关系数分别达到 0.950 和 0.896,呈正相关关系。灌木的 Shannon-wiener 指数还与林冠截留率、土壤入渗率及产沙量在 0.01 水平(双侧)上显著相关,相关系数分别为 –0.626、–0.888 和 –0.723,均呈负相关关系。灌木的 Simpson 多样性指数与前者类似,与土壤入渗率及产沙量在 0.01 水平(双侧)上显著负相关,相关系数分别为 –0.984 和 –0.763;还与产流量在 0.05 水平(双侧)上显著负相关,相关系数为 –0.527。灌木的 Pielou 均匀度指数与林冠截留率在 0.01 水平(双侧)上显著负相关,相关系数为 –0.682。草本的 Shannon-wiener 指数与土壤入渗率及产沙量在 0.01 水平(双侧)上显著负相关,相关系数分别为 –0.905 和

表 5-7　油松林水土保持功能指标相关系数表

指标名称	灌木 H'	灌木 P	灌木 E	草本 H'	草本 P	草本 E	林冠截留率	未分解枯落物持水率	半分解枯落物持水率	土壤入渗率	土壤含水量	土壤最大持水量	全氮	氨氮	硝氮	全磷	速效磷	土壤有机质	产流量	产沙量
灌木 H'	1																			
灌木 P	0.950**	1																		
灌木 E	0.783**	0.560*	1																	
草本 H'	0.630**	0.841**	0.028	1																
草本 P	0.582*	0.771**	0.121	0.896**	1															
草本 E	-0.552*	-0.546*	-0.232	-0.430	-0.026	1														
林冠截留率	-0.626**	-0.463	-0.682**	-0.077	0.058	0.569*	1													
未分解枯落物持水率	-0.045	0.111	-0.344	0.357	0.280	-0.088	0.428	1												
半分解枯落物持水率	0.425	0.363	0.478	0.154	0.302	0.069	-0.185	0.060	1											
土壤入渗率	-0.888**	-0.984**	-0.447	-0.905**	-0.872**	0.441	0.336	-0.173	-0.352	1										
土壤含水量	-0.531*	-0.474	-0.468	-0.259	-0.226	0.313	0.512*	0.264	-0.206	0.424	1									
土壤最大持水量	-0.323	-0.223	-0.315	-0.013	0.206	0.575*	0.463	0.121	-0.017	0.118	0.151	1								
全氮	-0.109	-0.226	0.096	-0.365	-0.448	-0.132	-0.242	-0.036	0.353	0.299	0.081	-0.093	1							
氨氮	-0.512*	-0.484	-0.409	-0.317	-0.302	0.264	0.221	-0.079	-0.259	0.453	0.398	0.081	-0.153	1						
硝氮	-0.240	-0.335	-0.061	-0.405	-0.546*	-0.176	-0.105	-0.267	-0.303	0.406	0.273	-0.438	0.265	0.544*	1					
全磷	0.130	0.213	-0.118	0.314	0.174	-0.301	0.078	-0.107	-0.175	-0.221	0.028	-0.133	0.006	-0.257	0.210	1				
速效磷	0.079	0.026	0.179	-0.077	-0.011	0.074	-0.043	-0.149	0.457	-0.011	-0.134	-0.473	-0.114	0.001	0.028	-0.100	1			
土壤有机质	0.405	0.384	0.244	0.266	0.073	-0.547*	-0.369	0.202	0.347	-0.321	0.081	-0.286	0.342	0.071	0.339	0.271	-0.157	1		
产流量	-0.456	-0.527*	-0.176	-0.522*	-0.474	0.279	-0.223	-0.659**	-0.389	0.540*	0.128	0.105	0.133	0.344	0.362	-0.105	-0.054	-0.178	1	
产沙量	-0.723**	-0.763**	-0.423	-0.645**	-0.595**	0.408	0.038	-0.389	-0.429	0.752**	0.377	0.144	0.143	0.518*	0.362	-0.133	-0.237	-0.248**	0.903**	1

** 表示在 0.01 水平 (双侧) 上显著相关; * 表示在 0.05 水平 (双侧) 上显著相关。

−0.645；还与产流量在 0.05 水平（双侧）上显著负相关，相关系数为−0.522。草本的 Simpson 多样性指数与土壤入渗率在 0.01 水平（双侧）上显著负相关，相关系数为−0.872；与产沙量在 0.05 水平（双侧）上显著负相关，相关系数为−0.595。草本的 Pielou 均匀度指数与林冠截留率、土壤最大持水量和土壤有机质在 0.05 水平（双侧）上显著相关，相关系数分别为 0.569、0.575 和−0.547。可见，生物多样性指数的显著相关因子主要为林冠截留率、土壤入渗率、产流量和产沙量。

此外，林冠截留率与土壤含水量在 0.05 水平（双侧）上显著正相关，相关系数为 0.512。未分解层的枯落物最大持水率与产流量在 0.01 水平（双侧）上显著负相关，相关系数为−0.659。土壤入渗率与产沙量在 0.01 水平（双侧）上显著正相关，相关系数为 0.752；与产流量在 0.05 水平（双侧）上显著正相关，相关系数为 0.540。氨氮与硝氮同属于速效氮的不同种类，两者也具有显著的相关性，在 0.05 水平（双侧）上显著正相关，相关系数为 0.544；氨氮还与产沙量在 0.05 水平（双侧）上显著正相关，相关系数为 0.518。产流量与产沙量在 0.01 水平（双侧）上显著正相关，相关系数为 0.903。其他因子之间也具有一定的相关性，但显著水平不强，相关系数也相对较小。

3. 主成分分析

油松林因子分析采用主成分分析法（表 5-8）。结果发现油松林的水土保持功能因子可提取出 7 个主成分，其特征值分别为 7.150、3.377、2.217、1.763、1.446、1.165 和 1.013，且累积解释的方差为 90.655%，说明 7 个主成分能够在一定程度上反映样本的总体情况。采用结构方程建模时，选取的林分结构因子不少于 7 个，才能有效反映样本总体特征。

表 5-8　油松林水土保持功能因子中提取的主成分可解释的总方差情况

成分	初始特征值			提取平方和载入			旋转平方和载入		
	合计	方差的百分比/%	累积的百分比/%	合计	方差的百分比/%	累积的百分比/%	合计	方差的百分比/%	累积的百分比/%
1	7.150	35.751	35.751	7.150	35.751	35.751	5.487	27.434	27.434
2	3.377	16.885	52.636	3.377	16.885	52.636	2.903	14.517	41.951
3	2.217	11.086	63.723	2.217	11.086	63.723	2.414	12.071	54.022
4	1.763	8.814	72.537	1.763	8.814	72.537	2.378	11.888	65.910
5	1.446	7.230	79.767	1.446	7.230	79.767	1.957	9.786	75.696
6	1.165	5.826	85.593	1.165	5.826	85.593	1.624	8.122	83.819
7	1.013	5.063	90.655	1.013	5.063	90.655	1.367	6.837	90.655
8	0.659	3.297	93.953						
9	0.502	2.511	96.463						
10	0.270	1.351	97.814						
11	0.199	0.996	98.810						
12	0.145	0.724	99.533						
13	0.083	0.417	99.950						
14	0.008	0.041	99.991						
15	0.002	0.009	100.000						

主成分分析结果得到 7 个主成分的系数矩阵(表 5-9)。在使用结构方程建模时,应尽可能将所有因子纳入建模范围,以更好地反映样本总体特征,尤其是系数大于 0.7 的指标在建模时应尽量使用。

表 5-9 油松林水土保持功能因子 7 个主成分的系数矩阵

指标名称	成分						
	1	2	3	4	5	6	7
灌木 H'	0.935	−0.267	−0.085	−0.075	0.027	0.100	−0.032
灌木 P	0.975	−0.033	0.029	−0.150	−0.001	0.134	0.004
灌木 E	0.567	−0.547	−0.399	0.107	0.069	0.070	−0.031
草本 H'	0.805	0.367	0.243	−0.245	−0.048	0.147	0.055
草本 P	0.736	0.516	−0.067	−0.184	−0.048	0.284	0.189
草本 E	−0.541	0.450	−0.511	0.130	−0.018	0.216	0.271
林冠截留率	−0.407	0.788	0.154	0.195	−0.178	−0.129	0.193
未分解枯落物持水率	0.200	0.587	0.426	0.461	0.015	−0.037	−0.364
半分解枯落物持水率	0.453	−0.116	−0.351	0.677	0.033	0.274	0.302
土壤入渗率	−0.954	−0.122	−0.022	0.171	0.015	−0.177	−0.051
土壤含水量	−0.519	0.268	0.432	0.241	−0.031	0.235	0.163
土壤最大持水量	−0.229	0.640	−0.262	−0.072	0.545	0.204	0.126
全氮	−0.160	−0.464	0.128	0.552	0.526	−0.128	0.150
氨氮	−0.579	−0.025	0.251	−0.058	−0.349	0.586	−0.136
硝氮	−0.410	−0.569	0.516	−0.038	−0.228	0.124	0.107
全磷	0.216	−0.021	0.513	−0.292	0.029	−0.356	0.664
速效磷	0.089	−0.204	−0.345	0.329	−0.761	−0.077	0.239
土壤有机质	0.369	−0.382	0.601	0.271	0.200	0.393	0.094
产流量	−0.648	−0.396	−0.214	−0.415	0.150	0.234	0.183
产沙量	−0.859	−0.199	−0.083	−0.250	0.107	0.214	0.005

5.2.2 油松林水土保持功能综合评价

上述分析结果从多个角度对油松林的水土保持功能因子之间的关系进行定量化表达,总体反映出油松林各项水土保持功能的差异性;探索了两两因子之间的相关性及其显著性水平,并通过提取各因子特征来部分反映功能因子的整体属性,油松林水土保持功能因子内部的关系初步确定,也为后续较好地定量表达油松林分结构和水土保持功能的关系奠定基础。

其中,相关分析结果可以与建模结果进行对比,验证结构与功能耦合关系模型结果的合理性。而主成分分析更是表达结构和功能之间耦合关系的结构方程模型建模的前提条件,油松林功能因子提取了 7 个主成分,说明在油松林林分结构和水土保持功能的耦合关系建模时,林分水土保持功能的观测变量不能少于 7 个;同时,主成分分析还是 SEM 建模前信度检验的基础。

5.3 刺槐-油松混交林的水土保持功能

5.3.1 刺槐-油松混交林的水土保持功能因子分析

1. 一般统计分析

对刺槐-油松混交林各水土保持功能指标进行一般统计分析(表 5-10)。由各指标的均值和标准差可知,各林分的土壤入渗率、速效磷和产沙量等指标差异性较大,土壤含水量、全氮和全磷等指标的差异性较小。综合上述指标来看,每一个刺槐-油松混交林林分的水土保持功能总体上存在不同程度的异质性。

表 5-10 刺槐-油松混交林水土保持功能指标统计表

指标名称	最小值	最大值	均值	标准差
林冠截留率/%	16.9	31.2	22.3	4.1
未分解枯落物持水率/%	3.25	5.24	4.11	0.69
半分解枯落物持水率/%	3.32	11.45	4.84	2.23
土壤入渗率/(mm/h)	188.82	604.07	449.57	236.88
土壤含水量/%	6.73	9.56	7.95	0.84
土壤最大持水量/%	46.24	68.20	54.87	7.18
全氮/(g/kg)	0.060	0.872	0.381	0.210
氨氮/(mg/kg)	18.436	26.834	23.241	2.383
硝氮/(mg/kg)	5.781	17.678	10.527	3.818
全磷/(g/kg)	0.156	0.699	0.509	0.153
速效磷/(mg/kg)	32.968	64.636	51.119	8.431
土壤有机质/(g/kg)	4.433	17.736	10.057	3.980
产流量/mm	32.54	51.32	45.29	4.65
产沙量/(t/km^2)	265	429	338	39

2. 相关分析

对刺槐-油松混交林的各水土保持功能指标进行两两之间的 Pearson 相关分析(表 5-11)。其中,灌木和草本的多样性指数和均匀度指数之间在 0.01 水平(双侧)上存在显著的相关关系,其相关系数绝对值均在 0.9 以上,说明它们相互之间的关系非常密切。灌木的多样性指数和均匀度指数还都与林冠截留率、未分解枯落物持水率、土壤入渗率和速效磷

表 5-11　刺槐-油松混交林水土保持功能指标相关系数表

指标名称	灌木 H	灌木 P	灌木 E	草本 H	草本 P	草本 E	林冠截留率	未分解枯落物持水率	半分解枯落物持水率	土壤入渗率	土壤含水量	土壤最大持水量	全氮	氨氮	硝氮	全磷	速效磷	土壤有机质	产流量	产沙量
灌木 H	1																			
灌木 P	0.991**	1																		
灌木 E	0.962**	0.990**	1																	
草本 H	0.952**	0.984**	0.999**	1																
草本 P	0.964**	0.991**	0.999**	0.999**	1															
草本 E	-0.925**	-0.967**	-0.994**	-0.997**	-0.993**	1														
林冠截留率	-0.664*	-0.678*	-0.679*	-0.678*	-0.680*	0.671*	1													
未分解枯落物持水率	0.629*	0.673*	0.708**	0.714**	0.706**	-0.725**	-0.498	1												
半分解枯落物持水率	0.199	0.259	0.319	0.333	0.316	-0.362	-0.295	0.634*	1											
土壤入渗率	0.813**	0.729**	0.623*	0.595*	0.629*	-0.53	-0.453	0.293	-0.110	1										
土壤含水量	0.115	0.142	0.169	0.175	0.168	-0.188	0.445	0.168	-0.061	-0.032	1									
土壤最大持水量	0.545	0.53	0.504	0.496	0.506	-0.476	-0.204	0.135	-0.277	0.485	0.532	1								
全氮	0.220	0.203	0.179	0.173	0.181	-0.158	-0.415	0.356	-0.217	0.249	-0.122	0.388	1							
氨氮	0.019	-0.025	-0.072	-0.083	-0.069	0.108	0.097	-0.421	0.061	0.207	-0.041	0.228	-0.340	1						
硝氮	-0.346	-0.245	-0.131	-0.103	-0.138	0.04	0.148	0.265	0.244	-0.709**	0.147	-0.331	-0.022*	-0.706**	1					
全磷	0.394	0.418	0.437	0.440	0.436	-0.445	-0.513	0.253	-0.205	0.196	-0.259	0.093	0.361	-0.418	0.039	1				
速效磷	0.635*	0.616*	0.583*	0.573	0.585*	-0.549	-0.217	0.403	-0.217	0.575	0.373	0.420	-0.223	0.077	-0.238	-0.062	1			
土壤有机质	0.408	0.376	0.333	0.322	0.336	-0.295	-0.094	0.471	-0.243	0.458	0.447	0.453	0.558	-0.554	0.061	0.173	0.371	1		
产流量	0.573	0.577	0.570	0.567	0.571	-0.556	-0.926**	0.361	0.103	0.425	-0.562	0.160	0.498	-0.065	-0.237**	0.711**	-0.005	0.010	1	
产沙量	0.549	0.528	0.495	0.485	0.497	-0.462	-0.883**	0.291	0.074	0.516	-0.464	0.177	0.37	-0.046	-0.368	0.604*	0.237	0.107	0.892**	1

** 表示在 0.01 水平（双侧）上显著相关；* 表示在 0.05 水平（双侧）上显著相关。

在 0.05 水平(双侧)及以上存在显著的相关关系,相互之间的影响系数均接近或大于 0.6,也能说明它们之间的关系比较强。灌木的 Simpson 多样性指数还与产流量在 0.05 水平(双侧)上显著相关,相关系数为 0.577。

此外,林冠截留率与产流量、产沙量在 0.01 水平(双侧)上显著负相关,相关系数分别为–0.926 和–0.883。土壤入渗率与硝氮在 0.01 水平(双侧)上显著负相关,相关系数为–0.709。氨氮与硝氮同属于速效氮的不同种类,两者也具有显著的相关性,在 0.01 水平(双侧)上显著负相关,相关系数为–0.706。全磷与产流量、产沙量在 0.05 及以上水平(双侧)上显著正相关,相关系数分别为 0.711 和 0.604。产流量与产沙量在 0.01 水平(双侧)上显著正相关,相关系数为 0.892。其他因子之间也具有一定的相关性,但显著性水平不高,相关系数也相对较小。

3. 主成分分析

刺槐-油松混交林因子分析采用主成分分析法(表 5-12)。结果发现刺槐-油松混交林的功能因子可以提取出 4 个主成分,其特征值分别为 9.411、3.042、2.614 和 2.219,且累积解释的方差为 86.431%,说明 4 个主成分能够在一定程度上反映样本的总体情况。采用结构方程建模时,选取的林分结构因子不少于 4 个,才能有效反映样本总体特征。

表 5-12　刺槐-油松混交林水土保持功能因子中提取的主成分可解释的总方差情况

成份	初始特征值			提取平方和载入			旋转平方和载入		
	合计	方差的百分比/%	累积的百分比/%	合计	方差的百分比/%	累积的百分比/%	合计	方差的百分比/%	累积的百分比/%
1	9.411	47.053	47.053	9.411	47.053	47.053	8.118	40.589	40.589
2	3.042	15.210	62.264	3.042	15.210	62.264	4.053	20.264	60.853
3	2.614	13.072	75.336	2.614	13.072	75.336	2.626	13.130	73.983
4	2.219	11.095	86.431	2.219	11.095	86.431	2.489	12.447	86.431
5	0.953	4.766	91.197						
6	0.818	4.092	95.289						
7	0.463	2.314	97.604						
8	0.280	1.400	99.003						
9	0.142	0.711	99.715						
10	0.030	0.148	99.863						
11	0.027	0.137	100.000						

主成分分析结果得到了 4 个主成分的系数矩阵(表 5-13)。在使用结构方程建模时,应尽可能将所有因子纳入建模范围,以更好地反映样本总体特征,尤其是系数大于 0.7 的指标在建模时应尽量使用。

表 5-13　刺槐-油松混交林水土保持功能因子 4 个主成分的系数矩阵

指标名称	成分			
	1	2	3	4
灌木 H'	0.970	0.136	−0.135	−0.011
灌木 P	0.977	0.141	−0.049	−0.068
灌木 E	0.965	0.144	0.046	−0.128
草本 H'	0.959	0.144	0.069	−0.143
草本 P	0.966	0.144	0.041	−0.125
草本 E	−0.942	−0.144	−0.120	0.174
林冠截留率	−0.782	0.523	−0.004	0.131
未分解枯落物持水率	0.707	0.132	0.535	−0.188
半分解枯落物持水率	0.253	0.092	0.269	−0.820
土壤入渗率	0.720	0.083	−0.485	0.241
土壤含水量	0.051	0.882	0.155	0.230
土壤最大持水量	0.524	0.401	−0.288	0.481
全氮	0.344	−0.346	0.233	0.642
氨氮	−0.100	0.126	−0.874	−0.298
硝氮	−0.232	0.053	0.907	−0.148
全磷	0.508	−0.527	0.228	0.250
速效磷	0.577	0.544	−0.164	−0.164
土壤有机质	0.421	0.333	0.338	0.671
产流量	0.695	−0.705	−0.063	0.003
产沙量	0.664	−0.597	−0.180	0.039

5.3.2　刺槐-油松混交林水土保持功能综合评价

上述分析结果从多个角度对刺槐-油松混交林的水土保持功能因子之间的关系进行了定量化表达，总体上反映出刺槐-油松混交林各项水土保持功能的差异性；探索了两两因子之间的相关性及其显著性水平，并通过提取各因子特征来部分反映功能因子的整体属性，刺槐-油松混交林水土保持功能因子内部的关系初步确定，为后续较好地定量表达刺槐-油松混交林林分结构和水土保持功能的关系奠定基础。

其中，相关分析结果可以与建模结果进行对比，验证结构与功能耦合关系模型结果的合理性。而主成分分析更是表达结构和功能之间耦合关系的结构方程模型建模的前提条件，刺槐-油松混交林功能因子提取了 4 个主成分，说明在刺槐-油松混交林林分结构和水土保持功能的耦合关系建模时，林分水土保持功能的观测变量应不少于 4 个；主成分分析还是 SEM 建模前信度分析的基础。

5.4　山杨-栎类次生林的水土保持功能

5.4.1　次生林的水土保持功能因子分析

1. 一般统计分析

对次生林各水土保持功能指标进行一般统计分析(表 5-14)。由各指标的均值和标准差可知，各林分的土壤入渗率、土壤最大持水量、氨氮、土壤有机质和产沙量等指标差异性较大，枯落物持水率和全磷等指标的差异性较小。综合上述指标来看，每一个次生林分的水土保持功能总体上存在不同程度的异质性。

表 5-14　次生林水土保持功能指标统计表

指标名称	最小值	最大值	均值	标准差
林冠截留率/%	12.7	26.6	19.4	4.6
未分解枯落物持水率/%	4.18	5.48	4.83	0.47
半分解枯落物持水率/%	3.80	5.75	4.85	0.55
土壤入渗率/(mm/h)	227.96	283.11	259.42	24.20
土壤含水量/%	23.75	40.03	29.85	5.86
土壤最大持水量/%	39.09	122.88	68.59	25.74
全氮/(g/kg)	0.012	4.646	1.256	1.699
氨氮/(mg/kg)	22.116	66.840	33.507	11.988
硝氮/(mg/kg)	1.240	17.192	8.519	5.037
全磷/(g/kg)	0.322	1.134	0.664	0.241
速效磷/(mg/kg)	20.878	58.978	40.396	12.486
土壤有机质/(g/kg)	10.696	122.546	58.838	43.258
产流量/mm	14.68	40.58	24.60	7.63
产沙量/(t/km^2)	169	311	241	47

2. 相关分析

对次生林的各水土保持功能指标进行两两之间的 Pearson 相关分析(表 5-15)。其中，灌木的均匀度指数、草本的多样性指数和均匀度指数之间在 0.01 水平(双侧)上存在显著的相关关系，其相关系数绝对值均在 0.7 以上，说明它们相互之间的关系比较密切。灌木和草木的多样性指数和均匀度指数还都与林冠截留率、土壤入渗率、土壤有机质、产流量和产沙量在 0.05 及以上水平(双侧)存在显著的相关关系，相互之间的影响系数均大于 0.6，也能说明它们之间的关系比较强。

表 5-15　次生林水土保持功能指标相关系数表

指标名称	灌木H'	灌木P	灌木E	草本H'	草本P	草本E	林冠截留率	未分解枯落物持水率	半分解枯落物持水率	土壤入渗率	土壤含水量	土壤最大持水量	全氮	氨氮	硝氮	全磷	速效磷	土壤有机质	产流量	产沙量
灌木H'	1																			
灌木P	0.969**	1																		
灌木E	0.082	0.327	1																	
草本H'	0.26	0.492	0.984**	1																
草本P	-0.267	-0.019	0.939**	0.862**	1															
草本E	-0.484	-0.251	0.832**	0.719**	0.972**	1														
林冠截留率	-0.421	-0.551	-0.610*	-0.667*	-0.444	-0.301	1													
未分解枯落物持水率	-0.170	-0.043	0.471	0.426	0.514	0.508	-0.189	1												
半分解枯落物持水率	0.212	0.231	0.12	0.154	0.042	-0.013	-0.508	0.323	1											
土壤入渗率	0.156	-0.094	-0.972**	-0.913**	-0.994**	-0.940**	0.504	-0.507	-0.068	1										
土壤含水量	-0.095	-0.146	-0.222	-0.232	-0.181	-0.142	0.307	-0.283	-0.235	0.197	1									
土壤最大持水量	-0.270	-0.208	0.195	0.140	0.282	0.322	0.068	0.010	-0.018	-0.258	0.848**	1								
全氮	0.064	-0.050	-0.443	-0.418	-0.451	-0.425	0.329	-0.419	-0.065	0.455	0.035	-0.148	1							
氨氮	-0.269	-0.346	-0.365	-0.402	-0.260	-0.170	0.293	-0.181	-0.005	0.298	0.606**	0.482	0.574	1						
硝氮	-0.229	-0.314	-0.39	-0.419	-0.298	-0.215	0.196	-0.362	0.215	0.332	0.545	0.435	0.294	0.738**	1					
全磷	-0.268	-0.385	-0.525	-0.557	-0.415	-0.312	0.581*	-0.306	-0.382	0.456	-0.258	-0.452	0.736**	0.329	0.115	1				
速效磷	-0.349	-0.308	0.091	0.026	0.209	0.274	0.203	0.389	0.004	-0.173	0.33	0.428	0.389	0.683*	0.383	0.204	1			
土壤有机质	-0.400	-0.611*	-0.932**	-0.975**	-0.763**	-0.596*	0.682*	-0.282	-0.071	0.828**	0.259	-0.040	0.408	0.491	0.490	0.538	0.140	1		
产流量	0.070	0.270	0.818**	0.805**	0.767**	0.680*	-0.886**	0.393	0.399	-0.794**	-0.311	0.077	-0.418	-0.274	-0.205	-0.56	0.018	-0.747**	1	
产沙量	0.120	0.318	0.820**	0.816**	0.751**	0.653*	-0.880**	0.309	0.402	-0.784**	-0.111	0.280	-0.426	-0.154	-0.088	-0.632*	0.033	-0.763**	0.949**	1

**表示在 0.01 水平（双侧）上显著相关；*表示在 0.05 水平（双侧）上显著相关。

此外，林冠截留率与产流量、产沙量在 0.01 水平（双侧）上显著相关，相关系数分别为-0.886 和-0.880；与全磷、土壤有机质在 0.05 水平（双侧）上显著相关，相关系数分别为 0.581 和 0.682。土壤入渗率与土壤有机质、产流量、产沙量在 0.01 水平（双侧）上显著相关，相关系数分别为 0.828、-0.794 和-0.784。土壤含水量与土壤最大持水量在 0.01 水平（双侧）上显著相关，相关系数为 0.848；与氨氮在 0.05 水平（双侧）上显著相关，相关系数为 0.606。全氮和全磷、氨氮和硝氮在 0.01 水平（双侧）上显著相关，相关系数分别为 0.736 和 0.738。土壤有机质与产流量、产沙量在 0.01 水平（双侧）上显著相关，相关系数分别为-0.747 和-0.763。产流量与产沙量在 0.01 水平（双侧）上显著正相关，相关系数为 0.949。其他因子之间也具有一定的相关性，但显著性水平不高，相关系数也相对较小。

3. 主成分分析

次生林因子分析采用主成分分析法（表 5-16）。结果发现可以提取出 6 个主成分，其特征值分别为 8.805、3.794、2.502、1.679、1.441 和 1.001，且累积解释的方差为 96.113%，说明 6 个主成分能在一定程度上反映样本的总体情况。采用结构方程建模时，选取的林分结构因子不少于 6 个，才能有效反映样本总体特征。

表 5-16　次生林水土保持功能因子中提取的主成分可解释的总方差情况

成分	初始特征值			提取平方和载入			旋转平方和载入		
	合计	方差的百分比/%	累积的百分比/%	合计	方差的百分比/%	累积的百分比/%	合计	方差的百分比/%	累积的百分比/%
1	8.805	44.024	44.024	8.805	44.024	44.024	7.555	37.776	37.776
2	3.794	18.972	62.996	3.794	18.972	62.996	2.950	14.750	52.526
3	2.502	12.510	75.506	2.502	12.510	75.506	2.882	14.411	66.937
4	1.679	8.395	83.901	1.679	8.395	83.901	2.445	12.227	79.164
5	1.441	7.207	91.108	1.441	7.207	91.108	1.983	9.914	89.078
6	1.001	5.005	96.113	1.001	5.005	96.113	1.407	7.035	96.113
7	0.349	1.745	97.858						
8	0.262	1.308	99.166						
9	0.108	0.540	99.706						
10	0.046	0.228	99.934						
11	0.013	0.066	100.000						

主成分分析结果得到了 6 个主成分的系数矩阵（表 5-17）。在使用结构方程建模时，应尽可能将所有因子纳入建模范围，以更好地反映样本总体特征，尤其是系数大于 0.7 的指标在建模时应尽量使用。

表 5-17　次生林水土保持功能因子 6 个主成分的系数矩阵

指标名称	成分					
	1	2	3	4	5	6
灌木 H'	0.148	−0.740	0.544	0.063	0.277	0.221
灌木 P	0.380	−0.669	0.503	0.067	0.315	0.213
灌木 E	0.961	0.132	−0.054	0.029	0.213	0.013
草本 H'	0.957	−0.005	0.046	0.040	0.256	0.053
草本 P	0.878	0.383	−0.240	0.006	0.111	−0.064
草本 E	0.761	0.527	−0.350	−0.010	0.033	−0.112
林冠截留率	−0.755	0.270	−0.371	−0.245	0.175	0.234
未分解枯落物持水率	0.510	0.210	−0.299	0.191	−0.324	0.668
半分解枯落物持水率	0.264	−0.110	0.409	0.456	−0.649	0.108
土壤入渗率	−0.917	−0.306	0.182	−0.014	−0.146	0.039
土壤含水量	−0.294	0.551	0.581	−0.468	0.184	0.105
土壤最大持水量	0.118	0.747	0.477	−0.371	0.078	0.069
全氮	−0.578	0.038	0.095	0.620	0.435	−0.080
氨氮	−0.475	0.642	0.402	0.333	0.134	−0.004
硝氮	−0.432	0.506	0.524	0.161	−0.188	−0.267
全磷	−0.655	0.002	−0.469	0.451	0.309	−0.163
速效磷	−0.056	0.741	0.066	0.458	0.202	0.384
土壤有机质	−0.916	0.181	−0.070	0.033	−0.338	0.011
产流量	0.899	0.060	0.114	0.230	−0.150	−0.226
产沙量	0.884	0.139	0.297	0.139	−0.090	−0.233

5.4.2　次生林水土保持功能综合评价

上述分析结果从多个角度对次生林的水土保持功能因子之间的关系进行了定量化表达，总体上反映出次生林各项水土保持功能的差异性；探索了两两因子之间的相关性及其显著性水平，并通过提取各因子特征来部分反映功能因子的整体属性，次生林水土保持功能因子内部的关系初步明确，与人工林相比能起到较好的对照作用。其中，相关分析结果可以与人工林的相关分析和建模结果进行对比，验证人工林的结构与功能耦合关系模型结果的合理性；主成分分析可以与人工林的主成分分析结果对比，辅助印证人工林的建模信度。

5.5　不同植被水土保持功能对比

5.5.1　涵养水源功能对比分析

涵养水源功能因子主要有林分林冠截留率、未分解枯落物持水率和半分解枯落物持水率，以及土壤入渗率等。为直观反映这些功能因子的特征，用折线图和直方图相结合来表达不同坡度下各因子的变化(图 5-1)。

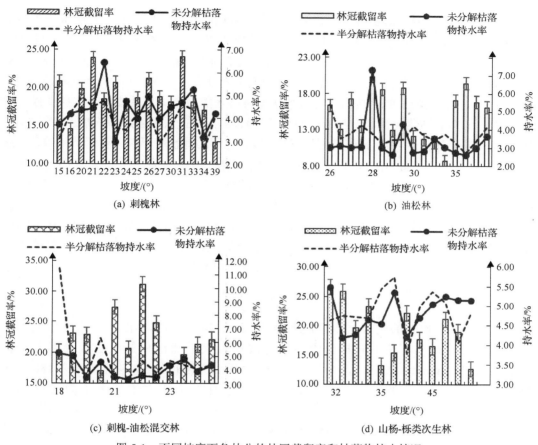

图 5-1　不同坡度下各林分的林冠截留率和枯落物持水情况

1. 林冠截留率

图 5-1 为不同坡度下林冠截留率(%)的变化趋势。可以看出,刺槐林的林冠截留率均值总体呈双峰波动曲线,分别在坡度为 21°和 31°时达到峰值。油松林的林冠截留率均值总体呈双峰波动曲线,分别在坡度为 28°和 36°时达到峰值。刺槐-油松混交林的林冠截留率均值总体呈单峰曲线,但各坡度下存在一定程度的小幅波动,在坡度为 22°时达到峰值。山杨-栎类次生林的林冠截留率均值呈总体下降趋势,但各坡度下存在不同程度的波动,坡度较低时林冠截留率较大。

从不同林分类型看,林分林冠截留率的最大值按从大到小排序为:刺槐-油松混交林＞山杨-栎类次生林＞刺槐林＞油松林;最小值按从大到小排序为:刺槐-油松混交林＞刺槐林＞山杨-栎类次生林＞油松林。可见,刺槐-油松混交林的林冠截留能力较大。

2. 枯落物持水率

图 5-1 中的实线表示未分解枯落物持水率(%)的变化,虚线表示半分解枯落物持水率(%)的变化。可以看出,刺槐林的持水率与坡度的相关性较弱,其波动变化相对较大;

同时，刺槐的未分解枯落物持水率普遍大于半分解枯落物持水率，表明刺槐未分解的枯枝落叶本身持水能力很强。油松林的持水率与坡度呈现一定的相关性，相同坡度的枯落物持水特征相似，并且随坡度变化而产生波动，尤其是未分解枯落物持水率在坡度为 28°时达到峰值；同时，半分解枯落物持水率普遍大于未分解枯落物持水率，但在坡度为 28°时出现异常，表明油松的枯枝落叶半分解状态时持水能力会比其枯枝落叶本身增强。刺槐-油松混交林的枯落物持水率与坡度的相关性较弱，存在不同程度的波动变化；同时，刺槐-油松混交林枯落物未分解层的持水率与半分解层的持水率不仅总体趋势一致，其值大小也基本相同，表明刺槐-油松混交林下刺槐和油松未分解的枯枝落叶及其半分解状态下，二者持水能力基本持平。山杨-栎类次生林的枯落物持水率随坡度增大呈双峰曲线，枯落物持水率分别在坡度为 35°和 45°时达到峰值；同时，枯落物半分解层的持水率总体上大于未分解层的持水率，但在坡度大于 45°时表现为相反的情况，表明次生林下的枯枝落叶层半分解状态时的持水能力会比其枯枝落叶本身强，但随着坡度增大，枯落物半分解的量会减小，导致其持水能力也会低于枯枝落叶本身。

3. 土壤入渗率

土壤入渗率反映的是表层土壤的入渗率（表 5-18）。刺槐林的土壤入渗率大小为 79.41～516.86mm/h，在不同林分中的变化波动较大。油松林的土壤入渗率大小为 219.30～277.05mm/h，其变化波动较小。刺槐-油松混交林的土壤入渗率大小为 188.82～604.07mm/h，其变化波动较大。山杨-栎类次生林的土壤入渗率大小为 227.96～283.11mm/h，其变化波动较小。不同林分的土壤入渗率均值从大到小排序为：刺槐-油松混交林＞刺槐林＞山杨-栎类次生林＞油松林，表明刺槐-油松混交林的表层土壤入渗最快，其涵养水源的能力最强。

表 5-18 不同林分土壤入渗率统计表

土壤入渗率/(mm/h)	刺槐林	油松林	刺槐-油松混交林	山杨-栎类次生林
最大值	516.86	277.05	604.07	283.11
最小值	79.41	219.30	188.82	227.96
均值	326.20	237.49	449.57	259.42

5.5.2 保育土壤功能对比分析

保育土壤功能因子主要有土壤含水量、土壤最大持水量、土壤全氮含量(TN)、土壤氨氮含量(NH_3-N)、土壤硝氮含量(NO_3-N)、土壤全磷含量(TP)、土壤速效磷含量(AP)和土壤有机质含量等。其中，在以往的研究中经常用来进行水土保持功能分析的是土壤水分因子，但土壤养分因子对土壤的特性也有重要意义，研究时不可忽略。上述因子的统计特性见表 5-19。

表 5-19 不同林分保育土壤功能影响因子统计表

林分类型	统计量	土壤含水量/%	土壤最大持水量/%	全氮/(g/kg)	氨氮/(mg/kg)	硝氮/(mg/kg)	全磷/(g/kg)	速效磷/(mg/kg)	土壤有机质含量/(g/kg)
刺槐林	最大值	33.97	75.45	2.22	42.07	88.40	7.60	117.65	55.60
	最小值	5.66	34.60	0.13	2.79	0.12	0.03	0.16	1.31
	均值	13.07	48.34	0.67	18.49	11.73	0.74	34.02	12.95
油松林	最大值	16.93	61.00	1.76	34.46	13.33	1.82	55.66	18.97
	最小值	5.77	25.54	0.18	17.72	1.56	0.47	25.52	3.49
	均值	10.70	46.28	0.74	25.48	6.76	0.72	36.84	9.4819
刺槐-油松混交林	最大值	9.56	68.20	0.87	26.83	17.68	0.70	64.64	17.74
	最小值	6.73	46.24	0.06	18.44	5.78	0.16	32.97	4.43
	均值	7.95	54.87	0.38	23.24	10.53	0.51	51.12	10.06
山杨-栎类次生林	最大值	40.03	122.88	4.65	66.84	17.19	1.13	58.98	122.55
	最小值	23.75	39.09	0.01	22.12	1.24	0.32	20.88	10.70
	均值	29.85	68.59	1.26	33.51	8.52	0.66	40.40	58.84

由表 5-19 可知，土壤含水量和土壤最大持水量是土壤水分因子。其中，土壤含水量均值从大到小排序为：山杨-栎类次生林＞刺槐林＞油松林＞刺槐-油松混交林；土壤最大持水量均值从大到小排序为：山杨-栎类次生林＞刺槐-油松混交林＞刺槐林＞油松林。不同林分的土壤水分指标对比结果表明：总体上是山杨-栎类次生林保护土壤水分的功能优于人工林；刺槐-油松混交林保护土壤水分功能略优于纯林，刺槐林与油松林的土壤含水量基本持平。

土壤肥力因子中，土壤有机质、全氮和全磷相对于其他指标的含量较高。其中，土壤有机质均值从大到小排序为：山杨-栎类次生林＞刺槐林＞刺槐-油松混交林＞油松林；全氮均值从大到小排序为：山杨-栎类次生林＞油松林＞刺槐林＞刺槐-油松混交林；全磷均值从大到小排序为：刺槐林＞油松林＞山杨-栎类次生林＞刺槐-油松混交林。不同林分的土壤养分指标对比结果表明：总体上次生林保护土壤养分的功能优于人工林；纯林保护土壤养分优于刺槐-油松混交林，且刺槐林优于油松林。

综上所述，山杨-栎类次生林保育土壤的效果优于人工林，但是人工林同样具有不同程度的保育土壤水分和养分的功能。刺槐-油松混交林在保持土壤水分方面效果较好（持水能力较好，含水量低于纯林），而纯林在保持土壤养分方面效果较好，其中刺槐林保育土壤养分效果较明显。

5.5.3 拦沙减沙功能对比分析

拦沙减沙功能因子主要为不同林分的产流量和产沙量，它们也是以往的水土保持功能研究中最有代表性的指标。

　　由图 5-2 可知，不同林分产流量和产沙量变化趋势基本一致，二者具有较强的相关关系。其中，刺槐林产流量和产沙量两个指标的总体趋势均为随坡度增大而逐渐增大；产流量和产沙量的峰值均出现在 39°的陡坡，产流量峰值为 68.98mm，产沙量峰值为 795t/km^2。油松林的两个指标的总体趋势均为随坡度增大而呈增大趋势；相同坡度的林分下，产流量和产沙量比较接近；但在坡度为 28°时出现了急剧增大的异常现象；产流量和产沙量的峰值分别出现在坡度为 28°和 35°时，产流量峰值分别为 78.02mm 和 77.43mm，产沙量峰值分别为 604t/km^2 和 595t/km^2。刺槐-油松混交林的两个指标随坡度增大而总体为先增大后减小趋势；两者的峰值均出现在坡度为 23°处，产流量峰值为 51.32mm，产沙量峰值为 429t/km^2。山杨-栎类次生林的两个指标随坡度增大呈双峰曲线；两者的峰值分别出现在 35°和 45°时，产流量峰值分别为 29.13mm 和 40.58mm，产沙量峰值分别为 284t/km^2 和 311t/km^2。

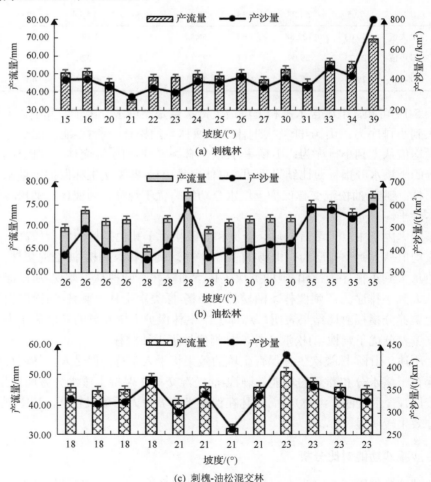

(a) 刺槐林

(b) 油松林

(c) 刺槐-油松混交林

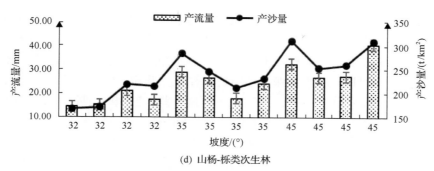

图 5-2　不同林分的产流量和产沙量变化情况

由此可见，不同林分的产流量和产沙量的峰值按从大到小排序均为：刺槐林＞油松林＞刺槐-油松混交林＞山杨-栎类次生林。也可以说，人工林的水土流失量比山杨-栎类次生林要多；纯林的水土流失比刺槐-油松混交林量多，刺槐林的水土流失量比油松林多。

5.6　不同植被水土保持功能相似性和差异性

5.6.1　不同植被水土保持功能的相似性

以次生林为对照，对比分析区域内人工林和次生林的各项功能指标发现，不同林分的水土保持功能存在以下相似性：不同林分在一定程度上均具有涵养水源、保育土壤和拦沙减沙等水土保持功能，但是其具有的功能大小有所不同。其中次生林与人工林的功能区别较大，但人工林的功能较为接近。

5.6.2　不同植被水土保持功能的差异性

将人工林与次生林相对照，虽然不同林分的水土保持功能存在一定的相似规律，但也更多地存在着差异，主要包括以下 4 个方面。

1）不同林分林冠截留率的最大值按从大到小排序为：刺槐-油松混交林＞山杨-栎类次生林＞刺槐林＞油松林；最小值按从大到小排序为：刺槐-油松混交林＞刺槐林＞山杨-栎类次生林＞油松林。可见，刺槐-油松混交林的林冠截留能力相对较大。

2）不同林分土壤入渗能力从大到小排序为：刺槐-油松混交林＞刺槐林＞山杨-栎类次生林＞油松林，表明刺槐-油松混交林的表层土壤入渗最快，其涵养水源的能力较强。

3）土壤水分和养分指标分析结果表明：总体上是次生林保护土壤水分的功能优于人工林；刺槐-油松混交林保护土壤水分的功能优于纯林(持水能力较好)，刺槐林与油松林的土壤水分保护功能基本持平。山杨-栎类次生林保护土壤养分的功能优于人工林；纯林保护土壤养分的功能优于混交林，且刺槐林优于油松林。可见，山杨-栎类次生林保育土壤的效果较人工林好，同时人工林也具有不同程度的保育土壤水分和养分的功能。刺槐-油松混交林保持土壤水分的效果较好；而纯林保持土壤养分的效果较好，其中刺槐林保育土壤养分的效果明显。

4）不同林分的产流量和产沙量的峰值按从大到小排序均为：刺槐林＞油松林＞刺槐-油松混交林＞山杨-栎类次生林。也可以说，人工林的水土流失量相对山杨-栎类次生林较多；纯林的水土流失量相对刺槐-油松混交林较多，刺槐林的水土流失量相对油松林较多。

综上所述，不同林分的水土保持功能之间存在一些相似性和较大的差异性。山杨-栎类次生林较人工林来说，其对土壤水分和养分的保护能力和拦沙减沙能力更强，在各林分中具有明显的优越性。同时，人工林的水土保持能力各有侧重点。一方面，刺槐林保持土壤养分的能力也较强；另一方面，人工混交林涵养水源、保持土壤水分和拦沙减沙的功能优于纯林，尤其是拦沙减沙功能也优于山杨-栎类次生林，说明纯林和刺槐-油松混交林的水土保持功能各有特点。

5.7　小　　结

本章探索和分析了区域内不同林分的水土保持功能因子，包括特征分析、一般统计分析、相关分析和因子分析，实现部分功能因子的定量化表达，在此基础上对不同林分的水土保持功能进行综合评述，为进一步探索林分结构与水土保持功能之间的耦合关系打好基础。主要结论如下：不同林分具有不同程度的涵养水源、保育土壤、拦沙减沙等水土保持功能。各项功能大小的总体情况为：在涵养水源功能上，刺槐-油松混交林大于其他林分；在保育土壤和拦沙减沙功能上，山杨-栎类次生林＞刺槐-油松混交林＞纯林。上述分析结果对于确定不同林分水土保持功能的基本特征、双因子之间相关关系，以及符合建模最低限度的指标数量有重要意义，为探索多因子耦合关系做好铺垫，也能辅助确定受林分结构影响敏感的功能因子。此外，相关分析的结果还可以验证耦合关系模型拟合结果的合理性。

第6章 林分结构与水土保持功能耦合

6.1 结构方程建模理论

6.1.1 结构方程理论模型构建

结构方程模型是结合因果分析和路径分析两类统计方法的探索多个因素之间关系的多维度分析方法，能够探究观测变量、潜在变量及两类变量的残差之间的关系，以便定量化描述自变量对因变量的影响，包括直接影响、间接影响和总影响。

本章将构建 3 种人工林的林分结构和水土保持功能两大类潜变量之间的关系，其中林分结构变量由两个潜变量组成，水土保持功能变量由涵养水源、保育土壤及拦沙减沙 3 个潜变量组成(也可能根据实测数据进行组合后建模)。由以往结构与功能研究的经验可知，林分结构决定林分的水土保持功能，因此两个结构变量将作为外生潜变量、3 个功能变量将作为内生潜变量用于建模。此外，考虑到区域内的气候、水文等环境条件基本一致，但地形因子差异较大，建模时也应将其纳入，将其作为外生潜在变量。

根据第 4 章、第 5 章的分析，有不同程度差异性的林分结构因子主要有胸径、树高、冠幅、林分密度、郁闭度、叶面积指数、角尺度、大小比数、混交度、林木竞争指数、林层指数；有不同程度差异性的水土保持功能因子主要有林分平均林冠截留率、枯落物未分解层最大持水率、枯落物半分解层最大持水率、表层土壤入渗率、土壤质量含水量、土壤最大持水量、土壤全氮含量(TN)、土壤氨氮含量(NH_3-N)、土壤硝氮含量(NO_3-N)、土壤全磷含量(TP)、土壤速效磷含量(AP)、土壤有机质含量、场均产流量和场均产沙量。地形因子主要包括坡度、坡向和海拔。将林分结构因子和地形因子作为外生观测变量、将功能因子作为内生观测变量，分别与相关的结构和功能潜在变量关联，即可建立反映林分结构和水土保持功能之间耦合关系的模型。根据现有经验及对模型的认知，构建二者结构方程的初始假设逻辑模型(图 6-1)。

由图 6-1 可知，虽然初始理论模型是逻辑模型，但借助路径图能够反映林分结构和水土保持功能各影响因子之间的关系，总体来说就是结构决定功能。单箭头代表因果关系，表示箭尾所指的指标是箭头所指的指标的原因；双箭头代表相关关系，表示两个变量存在相关关系。根据前述分析和以往的研究经验，地形因素对于林分结构，以及涵养水源、拦沙减沙等水土保持功能均有较大影响，是结构和功能形成的原因，因此它们之间可能存在因果关系。林分结构对 4 个水土保持功能都可能会有影响，并且结构决定功能，它们之间也可能存在因果关系。同时，林分结构的水平和垂直两个维度之间会有相互作用，它们之间可能具有相关关系；水土保持功能中，涵养水源和保育土壤的指标相互作用较强，可能具有相关关系。其他的变量之间也可能存在一定的因果和相关关系，但为了突出结构和功能的耦合关系，在图上暂不标注(需要在实际建模时有所考虑)。

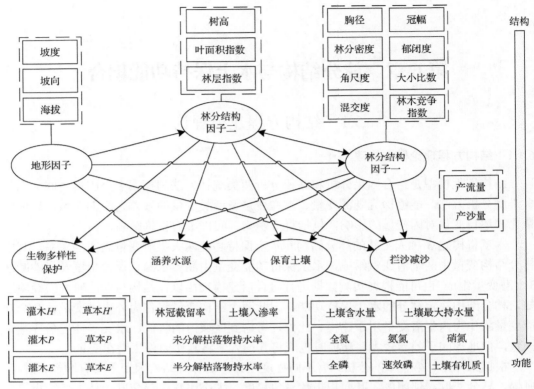

图 6-1　林分结构与水土保持功能之间的结构方程初始假设模型示意图

　　将地形因子(ξ_1)、林分结构因子一(ξ_2)和林分结构因子二(ξ_3)作为外生潜在变量,与它们相关的坡度、坡向、海拔、胸径、树高等为外生观测变量(x_n)。涵养水源(η_1)、保育土壤(η_2)和拦沙减沙(η_3)为内生潜在变量,与它们相关的林冠截留率、土壤含水量等为内生观测变量(y_n)。采用 Amos22.0 软件来实现模型构建、运算及修正。在软件中建立路径图后,采用极大似然估计法计算所有路径的路径系数、残差及相关的参数。

6.1.2　信度和效度分析

　　第 4 章、第 5 章已对林分结构和水土保持功能进行了特征分析、相关性分析和主成分分析,确定了各结构和功能指标的基本特征、双因子之间的相关关系,以及需要纳入结构方程模型最低限度的指标数量,这些分析是结构方程建模的前提和基础。在完成初始模型假设后,使用 Amos 软件进行结构方程建模之前,还需要确认数据的可靠性和有效性,即数据的信度和效度分析。

1. 信度分析

　　使用国际通用的 Cronbach α 系数来检验数据的可靠性(表 6-1)。α 系数可以有效检验数据的内部一致性,其值越大,表明信度越高。

表 6-1　α 系数的值域解释

α 系数值域	解释说明
α≥0.90	可靠性很强，信度高
0.80≤α<0.90	可靠性较强，信度较高
0.70≤α<0.80	可靠性可以接受，信度一般
0.60≤α<0.70	可靠性为最小接受水平，信度可以接受
α<0.60	可靠性不能接受，应考虑删除或修改该组指标或变量

2. 效度分析

使用国际常用的 KMO 度量和 Bartlett 球形检验进行效度分析（表 6-2），检验理论值能够真实、客观地反映现实世界的程度。其中，KMO 值域在 0~1，越接近 1 说明变量越适合做因子分析，效度越好。Bartlett 球形检验结果显著小于 1%，效度较好。

表 6-2　KMO 度量标准及解释

KMO 值域	显著性	因子分析适宜性解释
KMO≥0.9	极强	非常适宜
0.8≤KMO<0.9	强	比较适宜
0.6≤KMO<0.8	较强	一般适宜
0.5≤KMO<0.6	一般	勉强适宜
KMO<0.5	不可接受	不适宜

6.2　刺槐林林分结构与水土保持功能耦合

6.2.1　刺槐林建模数据信度检验和效度分析

刺槐林各潜在变量相关因子的信度和效度分析初始结果见表 6-3。

表 6-3　刺槐林林分各潜在变量的信度和效度分析

指标类型	指标名称		地形因子	水平结构	垂直结构	涵养水源	保育土壤	拦沙减沙
信度指标	Cronbach α		0.699	0.675	0.627	0.609	0.332	0.923
	基于标准化的 Cronbach α		0.608	0.624	0.680	0.621	0.322	0.966
效度指标	KMO		0.674	0.626	0.648	0.612	0.493	0.601
	Bartlett 球形检验	近似卡方	23.950	511.245	3.629	16.294	69.414	193.231
		df	3	21	3	6	28	1
		Sig.	0.000	0.000	0.004	0.010	0.000	0.000

1. 地形因子数据的信度和效度

地形因子变量对应的 3 个观测变量分别为坡度、坡向和海拔。其信度和效度分析结果见表 6-3。信度指标基于标准化的 Cronbach α 在值域[0.60,0.70)时，信度可以接受。KMO

在值域[0.6,0.8)时，说明效度较强，一般适宜做因子分析。Bartlett 球形检验结果显著小于 1%，效度较好。虽然地形因子的 3 个指标的信度和效度都只能达标，但是由于指标个数较少，每个指标改变均可能引发整个理论模型发生很大的差异，所以不再对地形因子进行修正，直接应用这 3 个指标参与建模。

2. 林分结构因子一数据的信度和效度

林分结构因子一变量对应的 8 个观测变量，分别为胸径、冠幅、林分密度、郁闭度、角尺度、大小比数、混交度和林木竞争指数。其中纯林混交度均为 0，因此混交度不作为刺槐林的观测变量。刺槐林的林分结构因子一数据信度和效度分析结果见表 6-3。信度指标基于标准化的 Cronbach α 在值域[0.60,0.70)时，信度可以接受。KMO 在值域[0.6,0.8)时，说明效度较强，一般适宜做因子分析。Bartlett 球形检验结果显著小于 1%，效度较好。

虽然林分结构因子一的 7 个指标的信度和效度都只能基本达标，但是这些指标都是林分结构因子一的重要表征因子，去掉任何一个指标都可能引发整个理论模型的偏差，所以为了更好地反映刺槐林分结构因子一的现实水平，不再对林分结构因子一的各个指标进行修正，而是直接应用这 7 个指标参与建模。

3. 林分结构因子二数据的信度和效度

林分结构因子二变量对应的 3 个观测变量分别为树高、叶面积指数和林层指数。其信度和效度分析结果见表 6-3。信度指标基于标准化的 Cronbach α 在值域[0.60,0.70)时，信度可以接受。KMO 在值域[0.6,0.8)时，说明效度较强，一般适宜做因子分析。Bartlett 球形检验结果显著小于 1%，效度较好。虽然林分结构因子二的 3 个指标的信度和效度都只能达标，但是这些指标都是林分结构因子二的重要表征因子，且指标个数较少，每个指标改变均可能引发整个理论模型发生很大的差异，所以不再对林分结构因子二的各个指标进行修正，而是直接应用这 3 个指标参与建模。

4. 涵养水源数据的信度和效度

涵养水源变量对应的 4 个观测变量分别是林分林冠截留率、枯落物未分解层和半分解层的最大持水率，以及表层土壤入渗率等。其信度和效度分析结果见表 6-3。信度指标基于标准化的 Cronbach α 在值域[0.60,0.70)时，信度可以接受。KMO 在值域[0.6,0.8)时，说明效度较强，一般适宜做因子分析。Bartlett 球形检验结果显著小于 1%，效度较好。虽然涵养水源的 4 个指标的信度和效度都只能达标，但是这些指标都是涵养水源的重要表征因子，且指标个数较少，每个指标改变均可能引发整个理论模型发生很大的差异，所以不再对涵养水源的各个指标进行修正，直接应用这 4 个指标参与建模。

5. 保育土壤数据的信度和效度

保育土壤变量对应的 8 个观测变量分别是土壤质量含水量、土壤最大持水量、土壤全氮含量(TN)、土壤氨氮含量(NH_3-N)、土壤硝氮含量(NO_3-N)、土壤全磷含量(TP)、土壤速效磷含量(AP)和土壤有机质含量等。其信度和效度分析结果见表 6-3。其所有

Cronbach $\alpha<0.60$，可靠性不能接受，应考虑删除或修改该组指标或变量。KMO<0.5，说明效度不可接受，不适宜做因子分析。可见，保育土壤变量的 8 个观测变量的信度和效度均不达标，完全无法接受，需要考虑删除其中相关性极强或极弱的指标。经多次尝试删减修正，并检验信度和效度后，发现土壤质量含水量、土壤最大持水量、土壤有机质含量和土壤全磷含量 4 个指标的信度和效度能够达标，因此，将应用这 4 个指标参与建模。修正后的信度和效度分析结果见表 6-4。

表 6-4　修正后的刺槐林林分保育土壤的信度和效度分析

指标类型	指标名称	指标值	解释说明
信度指标	Cronbach α	0.767	基于标准化的 Cronbach α 在值域[0.80,0.90)时，信度较高
	基于标准化的 Cronbach α	0.827	
效度指标	KMO	0.739	KMO 在值域[0.6,0.8)时，说明效度较强，一般适宜做因子分析
	Bartlett 球形检验 近似卡方	2.771	显著小于 1%，效度较好
	df	6	
	Sig.	0.003	

6. 拦沙减沙数据的信度和效度

拦沙减沙变量对应的两个观测变量分别是产流量和产沙量。其信度和效度分析结果见表 6-3。信度指标 Cronbach α 大于 0.9，可靠性很强，信度高。KMO 在值域[0.6,0.8)时，效度较强，适宜做因子分析。Bartlett 球形检验结果显著小于 1%，效度较好。拦沙减沙的两个指标的信度很好、效度基本能达标，由于这两个指标都是涵养水源的重要表征因子，且指标个数较少，每个指标改变均可能引发整个理论模型发生很大的差异，所以不再对拦沙减沙的两个指标进行修正，而是直接应用这两个指标参与建模。

6.2.2　刺槐林结构方程模型构建

根据前人研究的经验，结合上文对刺槐林林分结构和水土保持功能的特征分析、一般统计分析、相关分析和因子分析结果，借助结构方程模型对完成信度和效度检验后的刺槐林相关实测数据进行建模，以表征刺槐林林分结构与水土保持功能之间的耦合关系。第 4 章、第 5 章中刺槐林林分的相关章节及 6.2.1 小节已经完成了探索性因子分析，建模的结构指标不少于 4 个，功能指标不少于 8 个。利用结构方程模型进行验证性分析。在此基础上，构建刺槐林林分结构与水土保持功能耦合关系的初始模型(图 6-2)。

对涵养水源和保育土壤的指标进行检验后，二者相关性较强，建模时将二者合并为一个潜在变量，其相关的 8 个因子作为 8 个观测变量参与建模。初始模型运行后，生成了标准化估计的结构方程模型，并显示出"地形""林分结构因子一""林分结构因子二""涵养水源和保育土壤""拦沙减沙"5 个变量之间的因果关系及其初步的路径系数；同时也生成了判别模型适应性的参数(表 6-5)。

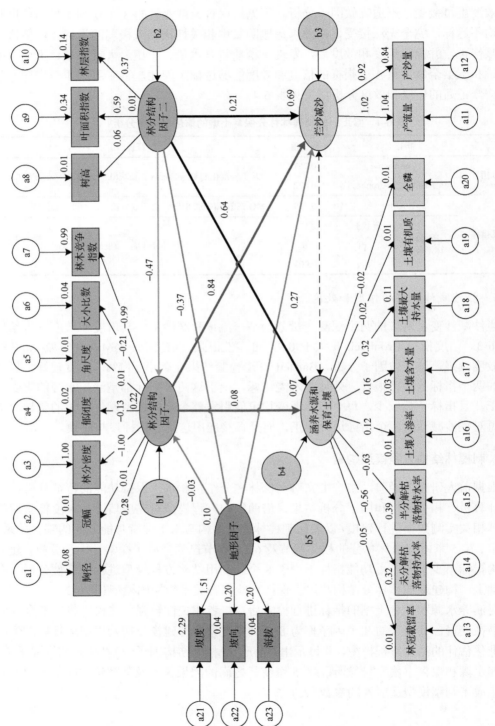

图 6-2　刺槐林林分结构与水土保持功能耦合关系的初始模型

表 6-5　刺槐林的结构方程初始模型适应性参数

指标名称	评价标准	初始模型
卡方（χ^2）	越小越好	78.756
卡方自由度比（χ^2/df）	1～3，当比值小于 1 时，表示模型过度适配；当比值介于 1～3 时，表示模型适配良好；当比值大于 3 时，表示模型适配度较差	4.389
显著性概率（P）	＞0.05	0.0001
规准适配指数（NFI）	0～1，＞0.7 尚可，越趋近于 1 越好	0.468
增值适配指数（IFI）	0～1，＞0.7 尚可，越趋近于 1 越好	0.533
比较适配指数（CFI）	0～1，＞0.7 尚可，越趋近于 1 越好	0.524
近似均方根误差（RMSEA）	＜0.05，越小越好	0.189
赤池信息量准则（AIC）	越小越好	598.000
贝叶斯信息准则（BIC）	越小越好	600.141

由表 6-5 可知，初始模型（图 6-2）的卡方 χ^2 =78.756，卡方自由度比 χ^2/df =4.389，显著性概率 P=0.0001＜0.05，拒绝虚无假设，且其他的适配指数也低于可接受范围，可见假设模型与观测数据的适配性较差，应进行模型修正。

6.2.3　刺槐林结构方程模型修正

结构方程模型的修正方法包括以下三类：①根据经验理论和路径系数值，对潜变量和观测变量的增减进行调整；②根据初始模型的参数显著性结果和 Amos 提供的模型修正指标（modification index）进行模型扩展（model building），指通过释放部分限制路径或添加新路径，使模型结构更加合理，通常在提高模型拟合程度时使用；③根据初始模型的参数显著性结果和 Amos 提供的模型修正指标及临界比率（critical ratio）进行模型限制（model trimming），指通过删除或限制部分路径，使模型结构更加简洁，通常在提高模型可识别性时使用。第①种方法要求分析者具有足够的专业经验知识，相对较难；第②、③种方法可参考模型运行结果和模型修正指标，相对容易。本书将上述三种方法结合起来进行结构方程模型修正。

模型修正首先考虑调整建模的各项指标，经分析，参与建模的所有观测变量均能接受，且每个变量对于表征潜变量都具有不可或缺的作用，因此不对指标进行删减。考虑潜变量的残差与其他潜变量相关的观测变量的残差的相关关系，主要采用了模型扩展方法。参考 Amos 提供的模型修正指标逐一进行检验，发现林分结构因子二的残差与土壤最大持水量、坡向的残差（b2 与 a18、a22）、涵养水源和保育土壤的残差与冠幅、产沙量的残差（b4 与 a2、a12），以及地形的残差与胸径、土壤入渗率的残差（b5 与 a1、a16）之间具有较强的相关关系，用双箭头连接进行修正。最后考虑观测变量的残差之间的相关关系，发现两层枯落物持水率的残差（a14 与 a15），以及半分解枯落物持水率与土壤含水量的残差（a15 与 a17）密切相关，用双箭头连接进行修正。经过模型修正，得到了接受虚无假设、适配性更高的刺槐林林分结构与水土保持功能耦合关系的结构方程模型（图 6-3）。

修正后的模型（图 6-3）卡方 χ^2 =58.736，卡方自由度比 χ^2/df =1.715，显著性概率 P=0.068＞0.05，接受虚无假设，且适配统计量的各项检验指标 NFI=0.766，IFI=0.841，CFI=0.832，均大于 0.7，能够接受；RMSEA=0.039（＜0.05）；AIC=266.726，BCC=223.515，也比初始模型小。上述模型参数基本达到标准，说明假设模型与观测数据的适配性较好。

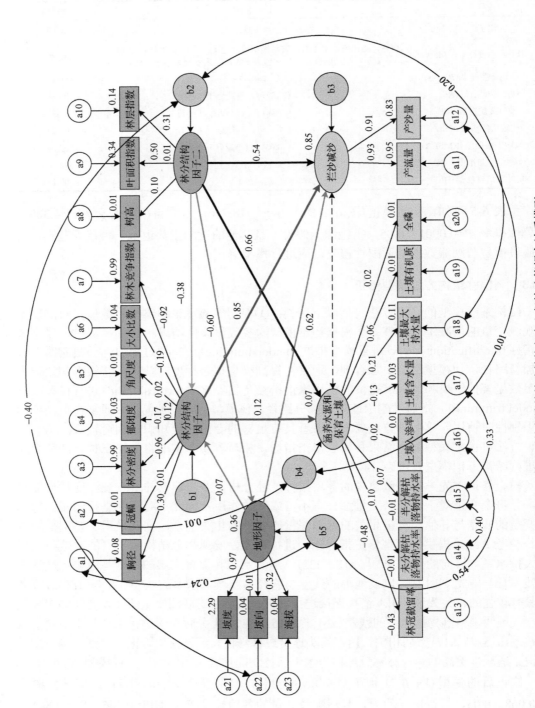

图 6-3　修正后的刺槐林分结构与水土保持功能耦合关系模型

6.2.4　刺槐林结构方程结果分析

根据修正后适配的结构方程模型拟合结果，包括路径图中各变量之间的因果关系及其系数，以及变量之间的影响效果（总影响、直接影响和间接影响），从而定量分析刺槐林的林分结构与水土保持功能之间的多因子耦合关系。

1. 潜变量之间的关系解释

由图 6-3 可知，潜变量之间存在不同程度的因果关系。①地形因子与两个林分结构因子之间都有负影响，其路径系数分别为–0.07 和–0.60；与拦沙减沙之间有正影响，其路径系数为 0.62。由系数的绝对值可知，地形因子对上述变量的影响大小排序为：拦沙减沙＞林分结构因子二＞林分结构因子一。说明地形因子数值越大，对林分结构产生的不良影响程度越大；同时，拦沙减沙变量的数值也会随之增大，同样会对拦沙减沙的水土保持功能产生不良的影响。②林分结构内部两个维度之间有负影响，其路径系数为–0.38，说明林分结构内部在水平和垂直方向上的发展呈负相关。③林分的林分结构因子一对于涵养水源和保育土壤、拦沙减沙都有正影响，其路径系数分别为 0.12 和 0.85，说明林分结构因子一对拦沙减沙的影响的显著性大于对涵养水源和保育土壤的影响。④林分结构因子二对于涵养水源和保育土壤、拦沙减沙都有正影响，其路径系数分别为 0.66 和 0.54，说明林分结构因子二对涵养水源和保育土壤的影响大于对拦沙减沙的影响。⑤涵养水源和保育土壤与拦沙减沙之间存在一定相关关系，不属于因果路径关系，二者之间不存在路径系数。

标准化影响系数表征各变量的影响效果（表 6-6）。①地形因子对两个林分结构因子的总影响系数分别为–0.073、–0.598，全部属于直接影响；对拦沙减沙的总影响系数 0.557，其中直接影响系数为 0.619，间接影响系数为–0.062。说明在地形因子数值较大的情况下，会对林分结构产生直接的制约，也会对拦沙减沙产生较大的困难。②林分结构因子之间的总影响系数为–0.336，其中直接影响系数为–0.379，间接影响系数为 0.044；对拦沙减沙、涵养水源和保育土壤的总影响系数分别为 0.851 和 0.066，全部为直接影响。说明内部林分结构因子相互之间会有一定制约；林分结构因子一数值变化时，对拦沙减沙有较大正效应，对涵养水源和保育土壤有较小的正效应。③林分结构因子二对拦沙减沙、涵养水源和保育土壤的总影响系数为–0.111 和 0.012，其中直接影响系数分别为 0.545 和–0.022，间接影响系数分别为–0.656 和 0.035。说明林分结构因子二数值变化时，对拦沙减沙有一定负效应，对涵养水源和保育土壤有微小的正效应。

综上所述，实际中应尽量优化微地形和林分结构，以达到水土保持的目的。同时，也应根据具体水土保持工作的目标，综合考虑地形因子等立地条件，定向定量地分别重点调控林分结构因子，以更突出地实现相应涵养水源、保持土壤肥力和拦沙减沙中一个或多目标调控的效果。但也要注意地形和林分结构调整应适度，以免负影响积累到一定程度对水资源、土壤水分和肥力产生较大的制约。

表 6-6　刺槐林结构方程模型中变量标准化影响系数

影响类型		影响因素			
		地形	林分结构因子一	林分结构因子二	拦沙减沙
标准化总影响	林分结构因子一	−0.073	0	0	—
	林分结构因子二	−0.598	−0.336	0	—
	拦沙减沙	0.557	0.851	−0.111	0
	涵养水源和保育土壤	0	0.066	0.012	0
标准化直接影响	林分结构因子一	−0.073	0	0	—
	林分结构因子二	−0.598	−0.379	0	—
	拦沙减沙	0.619	0.851	0.545	0
	涵养水源和保育土壤	0	0.066	−0.022	0
标准化间接影响	林分结构因子一	0	0	0	—
	林分结构因子二	0	0.044	0	—
	拦沙减沙	−0.062	0	−0.656	0
	涵养水源和保育土壤	0	0	0.035	0

2. 潜变量与观测变量之间的关系解释

潜变量与观测变量之间的影响程度和效果也在模型拟合的路径系数计算结果中有所体现(图 6-3)。①影响地形因子的观测变量中,坡度和海拔表现为正影响,坡向表现为负影响,三者影响大小排序为坡度>海拔>坡向。②影响林分结构因子一的观测变量中,胸径、冠幅和角尺度表现为正影响,林分密度、郁闭度、林木竞争指数和大小比数表现为负影响,其中林分密度和林木竞争指数的影响远远大于其他因素。③影响林分结构因子二的 3 个观测变量均表现为正影响,其中叶面积指数的影响相对于其他两个因素更占优势。④影响涵养水源和保育土壤的观测变量中,枯落物持水率、土壤最大持水量、土壤入渗率、土壤有机质和全磷表现为正影响,土壤含水量和林冠截留率表现为负影响,林冠截留率的影响远远大于其他因素。⑤影响拦沙减沙的观测变量中,产流量和产沙量均表现为正影响,产流量比产沙量的影响略大。

标准化影响系数也表征各变量对各观测变量的影响效果(表 6-7)。①地形变量与全磷、土壤有机质、产流量、产沙量、林冠截留率、土壤最大持水量、海拔、坡度、郁闭度、林分密度、林木竞争指数、大小比数有正效应;与枯落物持水率、土壤入渗率、土壤含水量、坡向、胸径、角尺度有负效应。该变量对其相关的坡度、海拔、坡向表现为直接效应,对其他变量相关的观测变量均为间接效应。从影响效果的大小看,地形对坡度的总影响效果最大,达到 1.07;此外对海拔、产流量和产沙量的影响效果也比较显著,对其他因子的影响较小,对树高、冠幅、叶面积指数、林层指数的影响效果接近 0。②林分结构因子一变量与产流量、产沙量、枯落物持水率、土壤入渗率、土壤含水量、冠幅、胸径、角尺度有正效应;与全磷、土壤有机质、林冠截留率、土壤最大持水量、郁闭度、林分密度、林木竞争指数、大小比数有负效应。该变量对其相关的 7 个指标表现为直接效应,对其他变量相关的观测变量均为间接效应。从影响效果的大小看,林分结构因子

表6-7　刺槐林的结构方程模型中观测变量标准化影响系数

观测变量	标准化总影响					标准化直接影响					标准化间接影响				
	地形	水平结构	垂直结构	拦沙减沙	涵养水源和保育土壤	地形	水平结构	垂直结构	拦沙减沙	涵养水源和保育土壤	地形	水平结构	垂直结构	拦沙减沙	涵养水源和保育土壤
全磷	0.003	-0.04	0.005	0	0	0	0	0	0	0	0.003	-0.04	0.005	0	0
土壤有机质	0.001	-0.011	0.001	0	0	0	0	0	0	0	0.001	-0.011	0.001	0	0
产沙量	0.506	0.774	-0.101	0.909	0	0	0	0	0.909	0	0.506	0.774	-0.101	0	0
产流量	0.571	0.874	-0.114	1.026	0	0	0	0	1.026	0	0.571	0.874	-0.114	0	0
林冠截留率	0.061	-0.836	0.1	0	0	0	0	0	0	0	0.061	-0.836	0.1	0	0
未分解枯落物持水率	-0.007	0.095	-0.011	0	0	0	0	0	0	0	-0.007	0.095	-0.011	0	0
半分解枯落物持水率	-0.008	0.113	-0.014	0	0	0	0	0	0	0	-0.008	0.113	-0.014	0	0
土壤入渗率	-0.001	0.01	-0.001	0	0	0	0	0	0	0	-0.001	0.01	-0.001	0	0
土壤含水量	-0.014	0.188	-0.022	0	0	0	0	0	0	0	-0.014	0.188	-0.022	0	0
土壤最大持水量	0.004	-0.052	0.006	0	0.001	0	0	0	0	0.001	0.004	-0.052	0.006	0	0
海拔	0.316	0	-0.189	0	0	0.316	0	0	0	0	0	0	-0.189	0	0
坡向	-0.005	0	0.003	0	0	-0.005	0	0	0	0	0	0	0.003	0	0
坡度	1.07	0	-0.64	0	0	1.07	0	0	0	0	0	0	-0.64	0	0
叶面积指数	0	0	0.496	0	0	0	0	0.496	0	0	0	0	0	0	0
树高	0	0	0.102	0	0.002	0	0	0.102	0	0	0	0	0	0	0.002
林层指数	0	0	0.311	0	0	0	0	0.311	0	0	0	0	0	0	0
冠幅	0	0.001	0	0	0	0	0.001	0	0	0	0	0	0	0	0
胸径	-0.022	0.302	-0.101	0	0	0	0.302	0	0	0	-0.022	0	-0.101	0	0
郁闭度	0.012	-0.167	0.056	0	-0.004	0	-0.167	0	0	0	0.012	0	0.056	0	-0.004
林分密度	0.073	-0.997	0.334	0	0	0	-0.997	0	0	0	0.073	0	0.334	0	0
林木竞争指数	0.073	-0.998	0.335	0	0	0	-0.998	0	0	0	0.073	0	0.335	0	0
大小比数	0.014	-0.194	0.065	0	0	0	-0.194	0	0	0	0.014	0	0.065	0	0
角尺度	-0.001	0.019	-0.006	0	0	0	0.019	0	0	0	-0.001	0	-0.006	0	0

一对林分密度、林木竞争指数、产流量、产沙量和林冠截留率的影响效果最大，分别为
–0.997、–0.998、0.874、0.774 和–0.836；此外对半分解枯落物持水率、土壤含水量、胸
径和大小比数等的影响效果也比较显著。③林分结构因子二变量与全磷、土壤有机质、
林冠截留率、土壤最大持水量、坡向、叶面积指数、树高、林层指数、郁闭度、林分密
度、林木竞争指数、大小比数有正效应；与产流量、产沙量、枯落物持水率、土壤入渗
率、土壤含水量、海拔、坡度、胸径、角尺度有负效应。该变量对其相关的树高、叶面
积指数和林层指数表现为直接效应，对其他变量相关的观测变量均为间接效应。从影响
效果的大小看，林分结构因子二对海拔、坡度、叶面积指数、林层指数、林分密度、林
木竞争指数等指标的影响效果比较显著。④拦沙减沙与产流量、产沙量有直接的正效应，
影响效果也非常显著，分别达到 0.909 和 1.026；涵养水源和保育土壤与土壤最大持水量
有直接的正效应，与树高有间接正效应，与叶面积指数有间接负效应。这两个变量对于
其相关的观测变量和其他变量相关的观测变量之间的影响都较小，部分几乎接近于 0。

3. 刺槐林林分结构与水土保持功能之间的耦合关系解释

上述分析借助结构方程模型，深入探讨了刺槐林林分结构与水土保持功能的潜变量
之间、潜变量与观测变量之间的耦合关系，并定量化表达了结构和功能之间的路径系数
和影响系数。

分析适配模型结果，并结合第 4 章和第 5 章对刺槐林结构和功能进行特征分析、一
般统计分析，可以较为清晰地解释和定量化表达刺槐林结构和功能之间的耦合关系。

1）刺槐林林分结构中，林分结构因子的两个维度存在负的相互影响，路径系数为
–0.38，总影响效应为–0.336，且林分结构因子二对林分密度、林木竞争指数等指标的间
接影响效果比较显著，影响效应分别为 0.334 和 0.335。说明刺槐林林分结构因子在影响
水土保持功能同时，林分内部在水平和垂直两个方向上的生长也存在竞争关系，即林分
结构因子一的正向变化会在一定程度上制约林分结构因子二，致使其发生负向变化。

2）林分结构因子一对林分密度、林木竞争指数等结构因子的影响效果最大，路径系
数分别为–0.96 和–0.92，且总影响效应分别为–0.997 和–0.998，说明林分密度和林木竞争
指数在 7 个林分结构指标中对林分结构因子一变量表达的显著性最强，也是对水土保持
功能的影响最为显著的观测变量。将模型分析结果与 4.1 节中林分结构因子一的结果和
4.5 节中刺槐林的相关分析结果，包括林木竞争指数与林分密度有较为密切的正相关关
系，林分密度和林木竞争指数还分别与胸径、林木竞争指数、林层指数和叶面积指数在
0.05 及以上水平显著相关等结论相结合进行分析，可以看出，刺槐林内的林木之间有显
著的种内竞争，林分内林木的胸径、林分密度、林木竞争指数综合决定了林分结构因子
一，其中林分密度、林木竞争指数影响效果相对于其他因子更为明显，在林分调整的实
际工作中需重点考虑。3 个相关的林分结构指标决定了林分结构因子二的效果都较明显，
其中叶面积指数和林层指数的影响效果相对较大，需重点考虑。

3）林分结构因子一对产流量、产沙量和林冠截留率的影响效果最大，总影响效应系
数分别为 0.874、0.774 和–0.836，均为间接效应；同时，林分结构因子一与涵养水源和
保育土壤、拦沙减沙之间的路径系数分别为 0.12 和 0.85。这种间接效应是林分结构因子

一通过影响涵养水源和保育土壤、拦沙减沙两个潜在变量，间接作用于这 3 个观测变量。可以说，林分结构因子一对于涵养水源和保育土壤中的林冠截留作用，以及拦沙减沙功能中的产流产沙作用影响效果最为明显。林分结构因子一优化(主要指林分密度和林木竞争指数减小，其他林分结构因子指标增大)以后，涵养水源和保育土壤(林冠截留率增大)及拦沙减沙(林下的产流量和产沙量减小)等水土保持功能均会有所提高，其中对拦沙减沙的影响效果比涵养水源和保育土壤更明显。将模型的分析结果与 5.2 节和 5.6 节的分析结果，包括刺槐林的林冠截留率均值总体为双峰波动曲线，林冠截留率与产流量和产沙量显著负相关等结论相结合进行深入挖掘，可以得出以下结论，结构方程模型的多因子耦合结果与双因子相关分析结果基本一致，但是能够突出反映林分结构因子一对涵养水源和拦沙减沙功能的耦合过程和作用机理。

4) 林分结构因子二与涵养水源和保育土壤、拦沙减沙之间的路径系数分别为 0.66 和 0.54，对这两者相关的观测变量的总影响效应系数均在 0.001~0.200。虽然相对于其他因子之间的间接作用较小，但是由于路径系数偏大，这些间接作用也不容忽视。可以说，林分结构因子二对所有的涵养水源和保育土壤、拦沙减沙的观测变量都有影响，且影响效果差异不大。结合第 4 章和第 5 章相关结论，对林冠截留率与土壤含水量、未分解枯落物持水率与产流量、氨氮与产沙量、氨氮与硝氮两两之间均具有显著相关关系等进行分析。结果表明林分结构因子二优化(指树高、叶面积指数和林层指数均增大)，各项水土保持功能会不同程度地增强，但增强的幅度较小，其优化的强弱顺序为拦沙减沙＞涵养水源和保育土壤。

5) 地形因子与林分结构因子一、林分结构因子二的关系也非常密切，路径系数为−0.07 和−0.60。地形因子不仅直接影响水土保持功能，还通过林分结构间接影响水土保持功能。也可以说，地形的变化会间接负向影响林分结构与水土保持功能之间的耦合关系。

综上所述，刺槐林林分结构中，林分结构因子一的作用相对较强，也较为集中，主要作用于拦沙减沙和涵养水源两个方面的水土保持功能；林分结构因子二的作用相对较弱，也较为普遍，对各项水土保持功能有不同程度的小幅作用。可见，在水平和垂直两个方向的林分结构综合作用下，刺槐林林分的水土保持功能强弱排序为拦沙减沙＞涵养水源和保育土壤。影响水土保持功能的结构因子主要为林分密度、林木竞争指数和叶面积指数；受结构因子影响比较显著的水土保持功能因子主要为产流量、产沙量和林冠截留率。未分解层枯落物持水率、半分解枯落物持水率、土壤含水量等水土保持功能因子也在一定程度上受到结构因子的影响。林分结构与水土保持功能的耦合过程和关系是刺槐林通过林分密度、林木竞争指数和叶面积指数等结构因子，综合影响和决定林分整体的水土保持功能。具体过程为：林分密度、林木竞争指数减小，叶面积指数增大，达到适宜范围时林分结构因子作用将发挥到最优。此时，林分在降雨过程中的林冠截留率会有所增大，产流量和产沙量显著减小，枯落物持水、土壤入渗等较敏感因子，以及土壤水分和土壤养分等非敏感因子也会相应发生变化。在林分结构与水土保持功能耦合过程中，产流量、产沙量、林冠截留率属于水土保持功能的主要敏感因子，各类水土保持功能效应相互叠加，最终突出表现为拦沙减沙及涵养水源的水土保持功能。此外，地形因子也在林分结构和功能耦合过程中起到显著的加剧(坡度、海拔)或微弱的削弱(坡向)作用。

6.3 油松林林分结构与水土保持功能耦合

6.3.1 油松林建模数据信度检验和效度分析

油松林各变量相关因子的信度和效度分析初始结果见表6-8。

表6-8 油松林林分各潜在变量的信度和效度分析

指标类型	指标名称		地形因子	水平结构	垂直结构	涵养水源	保育土壤	拦沙减沙
信度指标	Cronbach α		0.732	0.601	0.725	0.682	0.453	0.821
	基于标准化的 Cronbach α		0.754	0.659	0.746	0.691	0.483	0.937
效度指标		KMO	0.705	0.630	0.664	0.624	0.351	0.611
	Bartlett 球形检验	近似卡方	69.745	259.220	4.705	26.983	26.808	68.445
		df	3	21	3	6	28	1
		Sig.	0.000	0.000	0.005	0.000	0.053	0.000

1. 地形因子数据的信度和效度

油松林地形因子变量对应的3个观测变量的信度和效度分析结果见表6-8。信度指标基于标准化的 Cronbach α 值域为[0.70,0.80),可靠性可以接受,信度一般。KMO 值域为[0.6,0.8),说明效度较强,一般适宜做因子分析。Bartlett 球形检验显著小于1%,效度较好。地形因子的3个指标的信度和效度都能基本达标,且由于指标个数较少,可以直接应用这3个指标参与建模。

2. 林分结构因子一(水平结构)数据的信度和效度

油松林林分结构因子一变量有对应的7个观测变量,分别为胸径、冠幅、林分密度、郁闭度、角尺度、大小比数和林木竞争指数。其信度和效度分析结果见表6-8。信度指标基于标准化的 Cronbach α 值域为[0.60,0.70),信度可以接受。KMO 值域为[0.6,0.8),说明效度较强,一般适宜做因子分析。Bartlett 球形检验显著小于1%,效度较好。林分结构因子一的7个指标的信度和效度都能达标,并且由于这些指标都是林分结构因子一的重要表征因子,为了更好地反映油松林林分结构因子一的现实水平,直接应用这7个指标参与建模。

3. 林分结构因子二(垂直结构)数据的信度和效度

林分结构因子二变量对应的3个观测变量,其信度和效度分析结果见表6-8。信度指标基于标准化的 Cronbach α 值域为[0.70,0.80),可靠性可以接受,信度一般。KMO 值域为[0.6,0.8),说明效度较强,一般适宜做因子分析。Bartlett 球形检验显著小于1%,效度较好。林分结构因子二的3个指标的信度和检验都能达标,并且这些指标都是林分结构因子二的重要表征因子,且指标个数较少,直接应用这3个指标参与建模。

4. 涵养水源数据的信度和效度

涵养水源变量对应的 4 个观测变量，其信度和效度分析结果见表 6-8。信度指标基于标准化的 Cronbach α 值域为[0.60,0.70)，信度可以接受。KMO 值域为[0.6,0.8)，说明效度较强，一般适宜做因子分析。Bartlett 球形检验显著小于 1%，效度较好。涵养水源的 4 个指标的信度和效度都能达标，并且这些指标都是涵养水源的重要表征因子，且指标个数较少，直接应用这 4 个指标参与建模。

5. 保育土壤数据的信度和效度

保育土壤变量对应的 8 个观测变量，其信度和效度分析结果见表 6-8。其所有 Cronbach α<0.60，可靠性不能接受，应考虑删除或修改该组指标或变量。KMO<0.5，说明效度不可接受，不适宜做因子分析。可见，保育土壤变量的 8 个观测变量的信度和效度均不达标，完全无法接受，需要考虑删除其中相关性极强或极弱的指标。经多次尝试删减修正并检验信度和效度后，发现土壤含水量、土壤最大持水量、土壤有机质和全氮 4 个指标的信度和效度能够达标，因此将应用这 4 个指标参与建模。修正后的信度和效度分析结果见表 6-9。

表 6-9　修正后的油松林林分保育土壤的信度和效度分析

指标类型	指标名称	指标值	解释说明
信度指标	Cronbach α	0.796	
	基于标准化的 Cronbach α	0.867	基于标准化的 Cronbach α 值域为[0.80,0.90)，信度较高
效度指标	KMO	0.710	KMO 值域为[0.6,0.8)，说明效度较强，一般适宜做因子分析
	Bartlett 球形检验　近似卡方	11.338	
	df	6	显著小于 1%，效度较好
	Sig.	0.008	

6. 拦沙减沙数据的信度和效度

拦沙减沙变量对应的两个观测变量分别是产流量和产沙量。其信度和效度分析结果见表 6-8。信度指标基于标准化的 Cronbach α 大于 0.9，可靠性很强，信度高。KMO 值域为[0.6,0.8)，说明效度较强，一般适宜做因子分析。Bartlett 球形检验显著小于 1%，效度较好。拦沙减沙的两个指标的信度很好、效度能达标，这两个指标都是涵养水源的重要表征因子，且指标个数较少，可以直接应用这两个指标参与建模。

6.3.2　油松林结构方程模型构建

根据前人的研究经验，结合上文对油松林林分结构和水土保持功能的特征分析、一般统计分析、相关分析和因子分析结果，借助结构方程模型对完成信度和效度检验后的油松林相关实测数据进行建模，以表征油松林林分结构与水土保持功能之间的耦合关系。第 4 章和第 5 章中油松林林分的相关章节及 6.3.1 小节已经完成了探索性因子分析，建模的结构指标不少于 4 个，功能指标不少于 7 个。利用结构方程模型进行验证性分析。在此基础上，构建油松林林分结构与水土保持功能耦合关系的初始模型(图 6-4)。

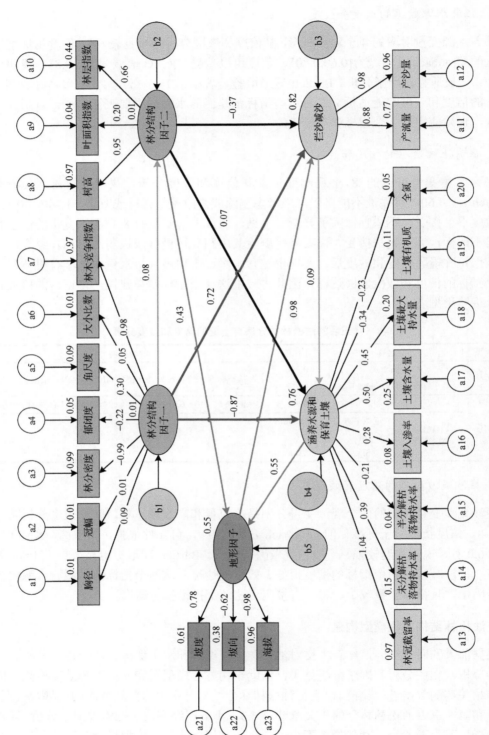

图 6-4 油松林林分结构与水土保持功能耦合关系的初始模型

对涵养水源和保育土壤的指标进行检验后，发现二者相关性较强，建模时将二者合并为一个潜在变量，其相关的 8 个因子作为 8 个观测变量参与建模。初始模型运行后，生成了标准化估计的结构方程模型，并显示出"地形""林分结构因子一""林分结构因子二""涵养水源和保育土壤""拦沙减沙"5 个变量之间的因果关系及其初步的路径系数；同时也生成了判别模型适应性的参数（表 6-10）。

表 6-10　油松林的结构方程初始模型适应性参数

指标名称	初始模型
卡方/ χ^2	64.023
卡方自由度比/（ χ^2/df ）	3.766
显著性概率（ P ）	0.001
规准适配指数（NFI）	0.493
增值适配指数（IFI）	0.506
比较适配指数（CFI）	0.587
近似均方根误差（RMSEA）	0.224
赤池信息量准则（AIC）	498.033
贝叶斯信息准则（BIC）	514.718

由表 6-10 可知，初始模型（图 6-4）的卡方 χ^2 =64.023，卡方自由度比 χ^2/df =3.766，显著性概率 P =0.001<0.05，根据表 6-5 中的评价标准，拒绝虚无假设，且其他的适配指数也低于可接受范围，可见假设模型与观测数据的适配性较差，应进行模型修正。

6.3.3　油松林结构方程模型修正

油松林结构方程模型修正首先考虑调整建模的各项指标，经分析，参与建模的所有观测变量均能接受，且每个变量对于表征潜变量都具有不可或缺的作用，因此不对指标进行删减。考虑潜变量的残差与其他潜变量相关的观测变量的残差的相关关系，主要采用模型扩展方法。参考 Amos 软件提供的模型修正指标逐一进行检验，发现林分结构因子一的残差与半分解枯落物持水率的残差（b1 与 a15）、林分结构因子二的残差与胸径的残差（b2 与 a1）、拦沙减沙的残差与土壤含水量的残差（b3 与 a17）、涵养水源和保育土壤的残差与郁闭度的残差（b4 与 a4），以及地形因子的残差与土壤入渗率的残差（b5 与 a16）之间具有较强的相关关系，用双箭头连接进行修正。最后考虑观测变量的残差之间的相关关系，发现胸径和冠幅的残差（a1 与 a2）之间密切相关，用双箭头连接进行修正。经过模型修正，得到了接受虚无假设、适配性更高的油松林林分结构与水土保持功能耦合关系的结构方程模型（图 6-5）。

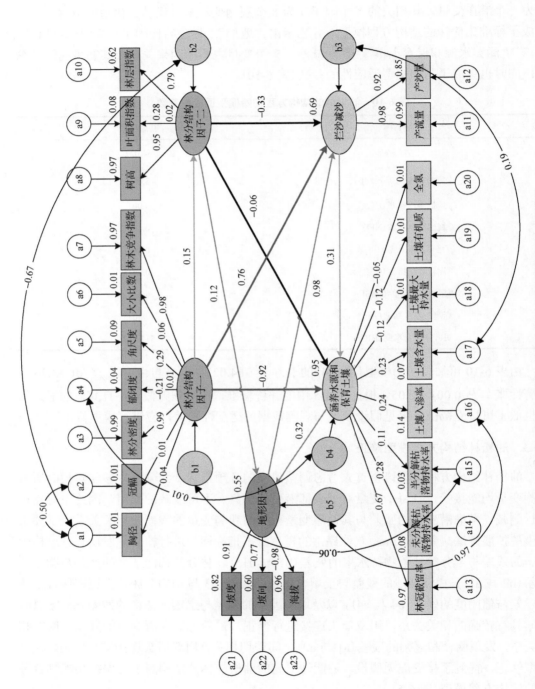

图 6-5　修正后的油松林林分结构与水土保持功能耦合关系模型

修正后的模型(图 6-5)卡方 χ^2 =53.672，卡方自由度比 χ^2/df =1.730，显著性概率 P=0.083＞0.05，接受虚无假设，且适配统计量的各项检验指标 NFI=0.779，IFI=0.817，CFI=0.786，均大于 0.7，能够接受；RMSEA=0.047(＜0.05)；AIC=269.672，BCC=272.889，也比初始模型小。上述模型参数基本达到标准，说明假设模型与观测数据的适配性较好。

6.3.4　油松林结构方程结果分析

根据修正后适配的结构方程模型拟合结果，包括路径图中各变量之间的因果关系及其系数，以及变量之间的影响效果(总影响、直接影响和间接影响)，从而定量分析油松林的林分结构与水土保持功能之间的多因子耦合关系。

1. 潜变量之间的关系解释

由图 6-5 可知，潜变量之间有不同程度的因果关系。①地形因子与林分结构因子二、涵养水源和保育土壤、拦沙减沙之间都有正影响，其路径系数分别为 0.12、0.32 和 0.98；由系数的绝对值可知，地形因子对上述潜变量的影响大小排序为：拦沙减沙＞涵养水源和保育土壤＞林分结构因子二。说明地形因子数值越大，对油松林分的林分结构因子二产生的影响越小；同时涵养水源和保育土壤、拦沙减沙等变量的数值也会随之增大，即对涵养水源和保育土壤功能有轻微的提升作用，但对拦沙减沙功能削弱作用很大。②林分结构因子之间有正影响，其路径系数为 0.15，说明林分结构内部在水平和垂直方向上是协同发展的，呈现正相关。③林分结构因子一对涵养水源和保育土壤有负影响，其路径系数为–0.92；对拦沙减沙有正影响，其路径系数为 0.76，说明油松的林分结构因子一对涵养水源和保育土壤的影响大于对拦沙减沙的影响。④林分结构因子二对涵养水源和保育土壤、拦沙减沙都有负影响，其路径系数分别为–0.06 和–0.33，说明林分结构因子二对拦沙减沙的影响大于对涵养水源和保育土壤的影响。⑤拦沙减沙与涵养水源和保育土壤之间也有正影响，其路径系数为 0.31，说明拦沙减沙与涵养水源和保育土壤之间的功能具有协同性。

标准化影响系数表征各潜变量的影响效果(表 6-11)。①地形因子对林分结构因子一的总影响系数分别为–0.313，全部为间接影响；对林分结构因子二的总影响系数为 0.069，其中直接影响系数为 0.116，间接影响系数为–0.047；对拦沙减沙的总影响系数为 0.603，其中直接影响系数为 0.569，间接影响系数为 0.034；对涵养水源和保育土壤的总影响系数为 0.189，全部为间接影响。说明地形因子变化时，会对林分结构因子一产生间接的制约，使拦沙减沙产生较大的困难，对林分结构因子二及涵养水源和保育土壤产生相对较小的促进作用。②林分结构因子之间的总影响系数为 0.146，全部为直接影响；林分结构因子一对拦沙减沙的总影响系数为 0.529，其中直接影响系数为 0.755，间接影响系数为–0.226；对涵养水源和保育土壤的总影响系数为–1.042，其中直接影响系数为–1.199，间接影响系数为 0.158。说明油松林内部林分结构因子会相互促进，具有较小程度的协同作用；林分结构因子一数值变化时，对拦沙减沙有正效应，对涵养水源和保育土壤有较大的负效应。③林分结构因子二对拦沙减沙、涵养水源和保育土壤的总影响系数分别为

–0.292 和–0.149，其中直接影响系数分别为–0.322 和–0.057，间接影响系数分别为 0.039 和–0.092。说明林分结构因子二数值变化时，对拦沙减沙及涵养水源和保育土壤有负效应，林分结构因子二数值增大，涵养水源和保育土壤的功能有所减弱，但拦沙减沙(数值减小)的功能有所增强。

　　综上所述，实际中应根据具体水土保持工作的目标，综合考虑地形因子等立地条件，参考以上研究成果来定向、定量地重点调控林分结构因子，以更为突出地实现相应涵养水源、保育土壤和拦沙减沙中一个或多目标调控的效果。但也要注意地形和林分结构调整应适度，以免负影响积累到一定程度，对水资源、土壤水分和肥力产生较大的制约。

表 6-11　油松林结构方程模型中变量标准化影响系数

影响类型		影响因素			
		地形	林分结构因子一	林分结构因子二	拦沙减沙
标准化总影响	地形	0	–0.313	—	—
	林分结构因子二	0.069	0.146	0	—
	拦沙减沙	0.603	0.529	–0.292	0
	涵养水源和保育土壤	0.189	–1.042	–0.149	0.332
标准化直接影响	地形	0	–0.313	—	—
	林分结构因子二	0.116	0.146	0	—
	拦沙减沙	0.569	0.755	–0.332	0
	涵养水源和保育土壤	0	–1.199	–0.057	0.314
标准化间接影响	地形	0	–0.313	—	—
	林分结构因子二	–0.047	0	0	—
	拦沙减沙	0.034	–0.226	0.039	0
	涵养水源和保育土壤	0.189	0.158	–0.092	0.019

2. 潜变量与观测变量之间的关系解释

　　潜变量与观测变量之间的影响程度和效果也在模型拟合的路径系数计算结果中有所体现(图 6-5)。①影响地形因子的观测变量中，坡度表现为正影响，坡向和海拔表现为负影响，三者影响大小排序为海拔＞坡度＞坡向。②影响林分结构因子一的观测变量中，除郁闭度以外，均表现为正影响，其中林分密度和林木竞争指数的影响远远大于其他因素。③影响林分结构因子二的 3 个观测变量均表现为正影响，三者影响大小排序为树高＞林层指数＞叶面积指数。④影响涵养水源和保育土壤的观测变量中，林冠截留率、枯落物持水率、土壤入渗率和土壤含水量表现为正影响，土壤最大持水量、土壤有机质和全氮表现为负影响，林冠截留率的影响相对于其他因素的影响来说更为显著。⑤影响拦沙减沙的观测变量中，产流量和产沙量均表现为正影响，产流量比产沙量的影响略大。

　　标准化影响系数也表征各变量对各观测变量的影响效果(表 6-12)。①地形变量与产流量、产沙量、林冠截留率、枯落物持水率、土壤入渗率、土壤含水量、坡度有正效应；与全氮、土壤有机质、土壤最大持水量、海拔、坡向等观测变量有负效应。该变量对其

表 6-12　油松林的结构方程模型中观测变量标准化影响系数

观测变量	标准化总影响					标准化直接影响					标准化间接影响				
	地形	水平结构	垂直结构	拦沙减沙	涵养水源和保育土壤	地形	水平结构	垂直结构	拦沙减沙	涵养水源和保育土壤	地形	水平结构	垂直结构	拦沙减沙	涵养水源和保育土壤
全氮	-0.009	0.052	0.007	-0.017	-0.053	0	0	0	0	-0.05	-0.009	0.052	0.007	-0.017	-0.003
土壤有机质	-0.022	0.122	0.017	-0.039	-0.124	0	0	0	0	-0.117	-0.022	0.122	0.017	-0.039	-0.007
产沙量	0.555	0.487	-0.269	0.975	0.175	0	0	0	0.92	0	0.555	0.487	-0.269	0.055	0.175
产流量	0.601	0.528	-0.292	1.056	0.19	0	0	0	0.997	0	0.601	0.528	-0.292	0.06	0.19
林冠截留率	0.127	-0.7	-0.1	0.223	0.712	0	0	0	0	0.672	0.127	-0.7	-0.1	0.223	0.04
未分解枯落物持水率	0.053	-0.29	-0.041	0.092	0.295	0	0	0	0	0.278	0.053	-0.29	-0.041	0.092	0.017
半分解枯落物持水率	0.022	-0.119	-0.017	0.038	0.121	0	0	0	0	0.114	0.022	-0.119	-0.017	0.038	0.007
土壤入渗率	0.046	-0.254	-0.036	0.081	0.258	0	0	0	0	0.244	0.046	-0.254	-0.036	0.081	0.015
土壤含水量	0.043	-0.239	-0.034	0.076	0.243	0	0	0	0	0.23	0.043	-0.239	-0.034	0.076	0.014
土壤最大持水量	-0.022	0.123	0.018	-0.039	-0.125	0	0	0	0	-0.118	-0.022	0.123	0.018	-0.039	-0.007
海拔	-0.749	0.221	-0.049	-0.074	-0.237	-0.707	0	0	0	0	-0.042	0.221	-0.049	-0.074	-0.237
坡向	-0.818	0.241	-0.053	-0.081	-0.259	-0.772	0	0	0	0	-0.046	0.241	-0.053	-0.081	-0.259
坡度	0.961	-0.284	0.062	0.095	0.304	0.907	0	0	0	0	0.054	-0.284	0.062	0.095	0.304
叶面积指数	0	0.041	0.283	0	0	0	0	0.283	0	0	0	0.041	0	0	0
树高	0	-0.148	-1.019	0	0	0	0	-1.019	0	0	0	-0.148	0	0	0
林层指数	0	0.114	0.785	0	0	0	0	0.785	0	0	0	0.114	0	0	0
冠幅	0	0.01	0	0	0	0	0.01	0	0	0	0	0	0	0	0
胸径	0	0.039	0	0	0	0	0.039	0	0	0	0	0	0	0	0
郁闭度	0	-0.209	0	0	0	0	-0.209	0	0	0	0	0	0	0	0
林分密度	0	-0.997	0	0	0	0	-0.997	0	0	0	0	0	0	0	0
林木竞争指数	0	-0.986	0	0	0	0	-0.986	0	0	0	0	0	0	0	0
大小比数	0	0.059	0	0	0	0	0.059	0	0	0	0	0	0	0	0
角尺度	0	0.293	0	0	0	0	0.293	0	0	0	0	0	0	0	0

相关的坡度、海拔、坡向表现为直接效应，对其他变量相关的观测变量均为间接效应。从影响效果的大小看，地形对坡度的总影响效果最大，达到 0.967；此外，对坡向、海拔、产流量和产沙量的影响效果也比较显著，对其他因子的影响较小，对树高、冠幅、叶面积指数、林层指数、胸径、郁闭度、林分密度、林木竞争指数、大小比数及角尺度等指标的影响效果接近 0。②林分结构因子一变量与全氮、土壤有机质、产流量、产沙量、土壤最大持水量、海拔、坡向、叶面积指数、林层指数、冠幅、胸径、大小比数、角尺度有正效应；与林冠截留率、枯落物持水率、土壤入渗率、土壤含水量、坡度、树高、郁闭度、林分密度、林木竞争指数有负效应。该变量对其相关的 7 个指标表现为直接效应，对其他相关的观测变量均为间接效应。从影响效果的大小看，林分结构因子一对林分密度、林木竞争指数和林冠截留率的影响效果最大，影响系数分别为-0.997、-0.986 和-0.7，此外对产流量、产沙量、未分解枯落物持水率、土壤入渗率、土壤含水量、海拔、坡向、坡度、郁闭度和角尺度的影响效果也比较显著。③林分结构因子二变量与全氮、土壤有机质、土壤最大持水量、坡度、叶面积指数、林层指数等观测变量有正效应；与产流量、产沙量、林冠截留率、枯落物持水率、土壤入渗率、土壤含水量、海拔、坡向、树高有负效应。该变量对其相关的树高、叶面积指数和林层指数表现为直接效应，对其他相关的观测变量均为间接效应。从影响效果的大小看，林分结构因子二对树高、林层指数的影响效果非常显著，影响系数分别为-1.019 和 0.785，此外，对产流量、产沙量和叶面积指数等指标的影响效果也比较显著。④拦沙减沙变量与产流量、产沙量、林冠截留率、枯落物持水率、土壤入渗率、土壤含水量、坡度有正效应；与全氮、土壤有机质、海拔、坡向、土壤最大持水量有负效应。该变量对其相关的产流量和产沙量表现为直接效应，对其他相关的观测变量均为间接效应。从影响效果的大小看，拦沙减沙对产流量、产沙量的影响效果非常显著，分别达到 1.056 和 0.975。⑤涵养水源和保育土壤变量与产流量、产沙量、林冠截留率、枯落物持水率、土壤入渗率、土壤含水量、坡度有正效应；与全氮、土壤有机质、海拔、坡向、土壤最大持水量有负效应。该变量对其相关的林冠截留率、枯落物持水率等 8 个观测变量表现为直接效应，对其他相关的观测变量均为间接效应。从影响效果的大小看，涵养水源和保育土壤对林冠截留率的影响效果最显著，达到 0.712；此外，对未分解枯落物持水率、土壤入渗率、土壤含水量、海拔、坡向和坡度的影响效果也比较显著。

3. 油松林林分结构与水土保持功能之间的耦合关系解释

上述分析借助结构方程模型，深入探讨了油松的林分结构与水土保持功能的潜变量之间、潜变量与观测变量之间的耦合关系，并定量化表达了结构和功能之间的路径系数和影响系数。

分析适配模型结果，并结合第 4 章和第 5 章对油松林结构和功能进行特征分析、一般统计分析，可以较为清晰地解释和定量化表达油松林结构和功能之间的耦合关系。

1) 油松林林分结构中，林分结构因子的两个维度存在正向的相互影响，路径系数为 0.15，总影响效应为 0.146，且林分结构因子一对树高、林层指数和叶面积指数等指标有一定的间接影响效果，影响系数分别为-0.148、0.114 和 0.041。说明油松的林分结构因子在影响水土保持功能的同时，林分内部在水平和垂直两个方向上的生长也有一定的协同发展和相互促进作用。

2) 林分结构因子一对林分密度、林木竞争指数等结构因子的影响效果最大，路径系数分别为 0.99 和 0.98，且总影响效应分别为-0.997 和-0.986，说明林分密度和林木竞争指数在 7 个林分结构因子一影响因子中对林分结构因子一表达的显著性最强，也是对水土保持功能影响最显著的观测变量。将模型分析结果与 4.2 节中林分结构因子一的结果及 4.5 节中油松林的相关分析结果，包括林木竞争指数与林分密度有较为密切的正相关关系，且部分林分的林木竞争指数超过了 2；郁闭度与树高、冠幅、叶面积指数、林层指数，胸径和树高，冠幅和叶面积指数在 0.05 及以上水平显著相关等结论相结合进行分析，可以看出，油松林内的林木之间有显著的种内竞争，林分内林木的林分密度、林木竞争指数、郁闭度、胸径、冠幅综合决定了林分结构因子一，其中林分密度、林木竞争指数的影响效果相对于其他因子更为明显，在林分调整的实际工作中需要重点考虑。3 个相关的林分结构因子决定林分结构因子二的效果都比较明显，其中树高和林层指数的影响效果最大，需重点考虑。

3) 林分结构因子一对林冠截留率、产流量和产沙量的影响效果最大，其总影响效应的系数分别为-0.7、0.528 和 0.487，均为间接效应；同时，林分结构因子一与涵养水源和保育土壤、拦沙减沙之间的路径系数分别为-0.92 和 0.76。这种间接效应是林分结构因子一通过影响涵养水源和保育土壤、拦沙减沙两个潜在变量，间接作用于这 3 个观测变量的。可以说，林分结构因子一对于涵养水源和保育土壤中的林冠截留作用，以及拦沙减沙功能中的产流产沙作用影响效果最为明显。林分结构因子一优化（主要指林分密度和林木竞争指数减小，其他林分结构因子指标增大）以后，涵养水源和保育土壤功能（林冠截留率增大，但其他因子可能削弱部分涵养水源和保育土壤功能）会略微增强，拦沙减沙（林下的产流量和产沙量增大）功能会显著降低，拦沙减沙的影响效果比涵养水源和保育土壤更加明显。将模型的分析结果与 5.3 节和 5.6 节的分析结果，包括油松林的林冠截留率均值总体呈现双峰波动曲线，林冠截留率与土壤含水量显著正相关，产流量与未分解枯落物最大持水率显著负相关，产沙量与土壤入渗率显著正相关，产流量与土壤入渗率显著正相关等结论相结合进行深入挖掘，可以得出以下结论，结构方程模型的多因子耦合结果与双因子相关分析结果总体一致，但是也会存在小部分相反的结论，如改变或优化林分结构因子一也可能会小幅削弱土壤最大持水量、土壤有机质和全氮的含量，从而略微削弱一些保育土壤的功能。这更加突出了结构方程模型反映多因子作用下林分结构因子一对涵养水源、保育土壤和拦沙减沙功能产生的复合作用，并且突显出林分结构因子一对涵养水源和拦沙减沙功能影响较为显著。

4) 林分结构因子二与涵养水源和保育土壤、拦沙减沙之间的路径系数分别为-0.06 和-0.33，其中与产流量和产沙量的总影响效应系数相对较高，分别为-0.292 和-0.269。虽然这些间接影响效应较小，但部分因子之间的路径系数较大，这些因子的影响在整个结构和功能系统中也必须考虑。结合第 4 章和第 5 章相关结论，如对油松林林冠截留率与土壤含水量、未分解枯落物最大持水率与产流量、土壤入渗率与产流产沙量、氨氮与硝氮、氨氮与产沙量等因子之间均具有显著相关关系等进行分析。结果表明林分结构因子二优化(指树高、叶面积指数或林层指数增大),拦沙减沙(数值减小)功能增强,涵养水源和保育土壤(数值减小)功能会略微削弱。根据观测变量之间的相关关系,各项水土保持功能会不同程度地改变,其增强或减弱的幅度大小顺序为拦沙减沙>涵养水源>保育土壤。

5)地形因子与林分结构因子二的关系也非常密切,路径系数为0.12。地形因子不仅直接影响水土保持功能,还通过林分结构间接影响水土保持功能。也可以说,地形的变化会间接影响林分结构与水土保持功能之间的耦合关系。

综上所述,油松林的林分结构中,林分结构因子一的作用相对较强,主要作用于拦沙减沙和涵养水源两个方面的水土保持功能;林分结构因子二的作用相对较弱,主要作用于拦沙减沙功能。可见,在水平和垂直两个方向的林分结构综合作用下,油松林分的水土保持功能强弱排序为拦沙减沙>涵养水源>保育土壤。影响水土保持功能的结构因子主要为林分密度、林木竞争指数、树高和林层指数;受结构因子影响比较显著的水土保持功能因子主要为林冠截留率、产流量、产沙量。未分解枯落物持水率、土壤入渗率、土壤含水量等水土保持功能因子也在一定程度上受到结构因子的影响。林分结构与水土保持功能的耦合过程和关系是油松林通过林分密度、林木竞争指数、树高、林层指数等结构因子,综合影响和决定林分整体的水土保持功能。具体过程为,林分密度、林木竞争程度减小,树高、林层指数增大,达到适宜范围时林分结构因子的作用将发挥到最优。此时,林分在降雨过程中的林冠截留率会有所增大,产流量和产沙量显著减小,其他非敏感的功能因子也相应发生变化。在耦合过程中,产流量、产沙量、林冠截留率属于水土保持功能的敏感因子,各类水土保持功能效应相互叠加,最终突出表现为拦沙减沙及涵养水源的水土保持功能。此外,地形因子也在林分结构和功能耦合过程中起到显著的加剧(坡度)或削弱(坡向、海拔)作用。

6.4　刺槐-油松混交林林分结构与水土保持功能耦合

6.4.1　刺槐-油松混交林建模数据信度和效度分析

刺槐-油松混交林各潜变量相关因子的信度和效度分析初始结果见表6-13。

表 6-13　刺槐-油松混交林林分各潜在变量的信度和效度分析

指标类型	指标名称		地形因子	水平结构	垂直结构	涵养水源	保育土壤	拦沙减沙
信度指标	Cronbach α		0.543	0.513	0.696	0.507	0.204	0.838
	基于标准化的 Cronbach α		0.604	0.558	0.767	0.534	0.268	0.911
效度指标		KMO	0.585	0.476	0.679	0.542	0.322	0.651
	Bartlett 球形检验	近似卡方	180.289	407.765	8.840	84.018	533.539	112.202
		df	3	28	3	6	28	1
		Sig.	0.000	0.000	0.002	0.000	0.000	0.000

1. 地形因子数据的信度和效度

刺槐-油松混交林地形因子变量对应的 3 个观测变量的信度和效度分析结果见表 6-13。信度指标基于标准化的 Cronbach $\alpha<0.60$，可靠性不能接受，应考虑删除或修改该组指标或变量。KMO 值域为[0.5,0.6)，说明效度勉强可接受。Bartlett 球形检验显著小于 1%，效度较好。地形因子的 3 个指标的信度和效度都能基本达标，且由于指标个数较少，可以直接应用这 3 个指标参与建模。

可见，地形因子变量的 3 个观测变量的信度和效度不完全达标，需要考虑删除其中相关性极强或极弱的指标。经删减修正并检验信度和效度后，发现坡度和海拔两个指标的信度和效度能够达标，因此将应用这两个指标参与建模。修正后的信度和效度分析结果见表 6-14。

表 6-14　修正后的刺槐-油松混交林林分地形因子的信度和效度分析

指标类型	指标名称		指标值	解释说明
信度指标	Cronbach α		0.735	基于标准化的 Cronbach α 值域为[0.80,0.90)，信度较高
	基于标准化的 Cronbach α		0.808	
效度指标	KMO		0.779	KMO 值域为[0.6,0.8)，说明效度较好，一般适宜做因子分析
	Bartlett 球形检验	近似卡方	19.770	显著小于 1%，效度较好
		df	1	
		Sig.	0.000	

2. 林分结构因子一数据的信度和效度

刺槐-油松混交林林分结构因子一变量对应的 8 个观测变量分别为胸径、冠幅、林分密度、郁闭度、角尺度、大小比数、混交度和林木竞争指数。其信度和效度分析结果见表 6-13。信度指标基于标准化的 Cronbach $\alpha<0.60$，可靠性不能接受，应考虑删除或修改该组指标或变量。KMO<0.5，说明效度不可接受，不适宜做因子分析。可见，林分结构因子一变量的 8 个观测变量的信度和效度均不达标，完全无法接受，需要考虑删除其中相关性极强或极弱的指标。经多次尝试删减修正并检验信度和效度后，发现胸径、冠幅、郁闭度、角尺度、大小比数和混交度 6 个指标的信度和效度能够达标，因此将应用这 6 个指标参与建模。修正后的信度和效度分析结果见表 6-15。

表 6-15　修正后的刺槐-油松混交林林分结构因子一的信度和效度分析

指标类型	指标名称		指标值	解释说明
信度指标	Cronbach α		0.758	基于标准化的 Cronbach α 值域为[0.80,0.90)，信度较高
	基于标准化的 Cronbach α		0.814	
效度指标	KMO		0.707	KMO 值域为[0.6,0.8)，说明效度较强，一般适宜做因子分析
	Bartlett 球形检验	近似卡方	132.945	显著小于 1%，效度较好
		df	15	
		Sig.	0.000	

3. 林分结构因子二数据的信度和效度

林分结构因子二变量对应的 3 个观测变量，其信度和效度分析结果见表 6-13。信度指标基于标准化的 Cronbach α 值域为[0.70,0.80)，可靠性可以接受，信度一般。KMO 值域为[0.6,0.8)，说明效度较强，一般适宜做因子分析。Bartlett 球形检验显著小于 1%，效度较好。林分结构因子二的 3 个指标的信度和效度都能达标，并且由于这些指标都是林分结构因子二的重要表征因子，且指标个数较少，可以直接应用这 3 个指标参与建模。

4. 涵养水源数据的信度和效度

涵养水源变量对应的 4 个观测变量，其信度和效度分析结果见表 6-13。信度指标基于标准化的 Cronbach α<0.60，可靠性不能接受，应考虑删除或修改该组指标或变量。KMO 值域为[0.5,0.6)，说明效度勉强可接受。可见，涵养水源变量的 4 个观测变量的信度和效度不完全达标，需要考虑删除其中相关性极强或极弱的指标。经删减修正并检验信度和效度后，发现林冠截留率、未分解枯落物持水率和半分解枯落物持水率 3 个指标的信度和效度能够达标，因此，将应用这 3 个指标参与建模。修正后的信度和效度分析结果见表 6-16。

表 6-16　修正后的刺槐-油松混交林涵养水源的信度和效度分析

指标类型	指标名称		指标值	解释说明
信度指标	Cronbach α		0.785	基于标准化的 Cronbach α 值域为[0.80,0.90)，信度较高
	基于标准化的 Cronbach α		0.822	
效度指标	KMO		0.671	KMO 值域为[0.6,0.8)，说明效度较强，一般适宜做因子分析
	Bartlett 球形检验	近似卡方	46.620	显著小于 1%，效度较好
		df	3	
		Sig.	0.000	

5. 保育土壤数据的信度和效度

保育土壤变量对应的 8 个观测变量，其信度和效度分析结果见表 6-13。其所有 Cronbach α<0.60，可靠性不能接受，应考虑删除或修改该组指标或变量。KMO<0.5，说明效度不可接受，不适宜做因子分析。可见，保育土壤变量的 8 个观测变量的信度和效度均不达标，完全无法接受，需要考虑删除其中相关性极强或极弱的指标。经多次尝试删减修正，发现土壤养分数据在区域刺槐-油松混交林内的信度和效度较差，仅土壤含水量、土壤最大持水量这两个指标的信度和效度能够达标，因此为剔除信度和效度不佳的指标对建模的影响，将应用这两个指标参与建模。修正后的信度和效度分析结果见表 6-17。

6. 拦沙减沙数据的信度和效度

拦沙减沙变量对应的两个观测变量分别是产流量和产沙量等。其信度和效度分析结果见表 6-13。信度指标基于标准化的 Cronbach α 大于 0.9，可靠性很强，信度高。KMO 值域为[0.6,0.8)，说明效度较强，一般适宜做因子分析。Bartlett 球形检验显著小于 1%，效度较好。拦沙减沙的两个指标的信度很好、效度能达标，由于这两个指标都是涵养水源的重要表征因子，且指标个数较少，直接应用这两个指标参与建模。

表 6-17　修正后的刺槐-油松混交林林分保育土壤的信度和效度分析

指标类型	指标名称	指标值	解释说明
信度指标	Cronbach α	0.871	Cronbach α 值域为[0.80,0.90)，信度较高
	基于标准化的 Cronbach α	0.896	
效度指标	KMO	0.812	KMO 在值域[0.8,0.9)，说明效度强，比较适宜做因子分析
	Bartlett 球形检验　近似卡方	18.542	
	df	1	显著小于 1%，效度较好
	Sig.	0.008	

6.4.2　刺槐-油松混交林结构方程模型构建

根据前人研究的经验，结合上文对刺槐-油松混交林林分结构和水土保持功能的特征分析、一般统计分析、相关分析和因子分析结果，借助结构方程模型对完成信度和效度检验后的刺槐-油松混交林相关实测数据进行建模，以表征刺槐-油松混交林林分结构与水土保持功能之间的耦合关系。第 4 章和第 5 章中刺槐-油松混交林林分的相关章节及 6.4.1 小节已经完成了探索性因子分析，建模的结构指标不少于 4 个，功能指标不少于 4 个。利用结构方程模型进行验证性分析，构建刺槐-油松混交林林分结构与水土保持功能耦合关系的初始模型(图 6-6)。

由于对涵养水源和保育土壤的指标进行检验后，二者相关性较强，建模时将二者合并为一个潜在变量，与其相关的 5 个因子作为 5 个观测变量参与建模。初始模型运行后，生成了标准化估计的结构方程模型，并显示出"地形""林分结构因子一""林分结构因子二""涵养水源和保育土壤""拦沙减沙" 5 个变量之间的因果关系及其初步的路径系数；同时也生成了判别模型适应性的参数(表 6-18)。

表 6-18　刺槐-油松混交林的结构方程初始模型适应性参数

指标名称	初始模型
卡方/ χ^2	73.102
卡方自由度比/(χ^2/df)	3.361
显著性概率(P)	0.000
规准适配指数(NFI)	0.458
增值适配指数(IFI)	0.565
比较适配指数(CFI)	0.606
近似均方根误差(RMSEA)	0.148
赤池信息量准则(AIC)	378.006
贝叶斯信息准则(BIC)	472.503

由表 6-18 可知，初始模型(图 6-6)的卡方 χ^2=73.162，卡方自由度比 χ^2/df=3.361，显著性概率 P=0.000<0.05，根据表 6-5 中的评价标准，拒绝虚无假设，且其他适配指数基本都低于可接受范围，可见假设模型与观测数据的适配性较差，应进行模型修正。

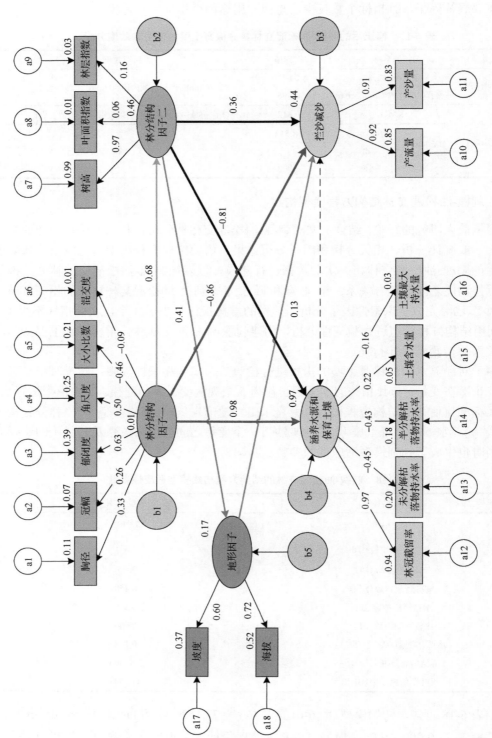

图 6-6 刺槐-油松混交林林分结构与水土保持功能耦合关系的初始模型

6.4.3　刺槐-油松混交林结构方程模型修正

刺槐-油松混交林的结构方程模型修正首先考虑调整建模的各项指标，经分析参与建模的所有观测变量均能接受，且每个变量对于表征潜变量都具有不可或缺的作用，因此不对指标进行删减。考虑潜变量的残差与其他潜变量相关的观测变量的残差的相关关系，主要采用模型扩展方法。参考 Amos 提供的模型修正指标进行逐一检验，发现林分结构因子一的残差与叶面积指数的残差（b1 与 a8），林分结构因子二的残差与产流量的残差、未分解枯落物持水率的残差（b2 与 a10、a12），地形的残差与胸径的残差、土壤含水量的残差（b5 与 a1、a15）之间具有较强的相关关系，用双箭头连接进行修正。最后考虑观测变量的残差之间的相关关系，发现胸径的残差与角尺度的残差（a1 与 a4）、郁闭度的残差和大小比数的残差（a3 与 a5）之间密切相关，用双箭头连接进行修正。经过模型修正，得到了接受虚无假设、适配性更高的刺槐-油松混交林林分结构与水土保持功能耦合关系的结构方程模型（图 6-7）。

修正后的模型（图 6-7）卡方 χ^2 =54.781，卡方自由度比 χ^2/df =1.701，显著性概率 P=0.064＞0.05，接受虚无假设，且适配统计量的各项检验指标 NFI=0.728，IFI=0.737，CFI=0.756，均大于 0.7，能够接受；RMSEA=0.045（＜0.05）；AIC=264.781，BCC=274.343，也比初始模型小。上述模型参数基本达到标准，说明假设模型与观测数据的适配性较好。

6.4.4　刺槐-油松混交林结构方程结果分析

根据修正后适配的结构方程模型拟合结果，包括路径图中各变量之间的因果关系及其系数，以及变量之间的影响效果（总影响、直接影响和间接影响），定量分析油松林的林分结构与水土保持功能之间的多因子耦合关系。

1. 潜变量之间的关系解释

由图 6-7 可知，潜变量之间存在不同程度的因果关系。①地形因子与林分结构因子二、拦沙减沙之间都有正影响，其路径系数分别为 0.60 和 0.17，可知地形因子对林分结构因子二的影响大于拦沙减沙。说明地形因子数值越大，对油松林分结构因子二产生的影响越大；同时拦沙减沙变量的数值也会随之增大，即对拦沙减沙功能有一定的削弱作用。②林分结构因子之间有正影响，其路径系数为 0.89，说明林分结构内部在水平和垂直方向上是协同发展的，呈现显著的正相关关系。③林分结构因子一对涵养水源和保育土壤有正影响，其路径系数为 0.99；对拦沙减沙有负影响，其路径系数为–0.96。说明油松的林分结构因子一对涵养水源和保育土壤的影响大于拦沙减沙的影响，但这三者之间的影响都非常显著。④林分结构因子二对于涵养水源和保育土壤、拦沙减沙均有负影响，其路径系数分别为–0.97 和–0.79。⑤涵养水源和保育土壤与拦沙减沙之间存在一定相关关系，不属于因果路径关系，二者不存在路径系数。

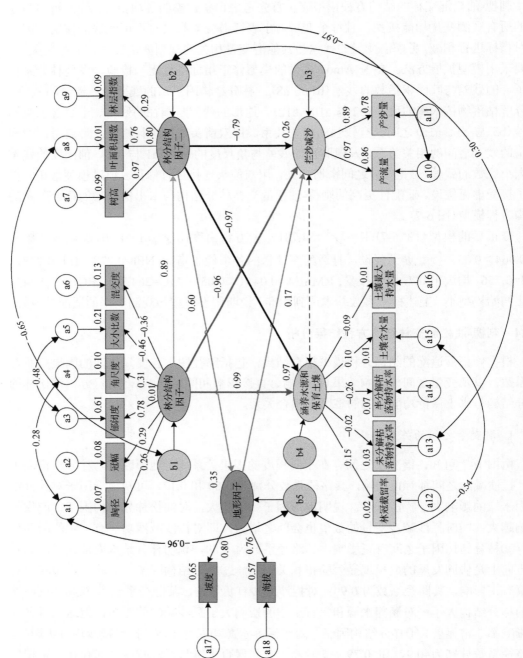

图 6-7　修正后的刺槐-油松混交林林分结构与水土保持功能耦合关系模型

　　标准化影响系数表征各潜变量的影响效果（表 6-19）。①地形因子对林分结构因子一的总影响系数分别为 0.532，全部为间接影响；对林分结构因子二的总影响系数为 0.595，全部为直接影响；对拦沙减沙的总影响系数为 0.171，全部为直接影响。说明地形因子变化时，会对林分结构因子产生间接和直接的促进作用，对拦沙减沙产生较小的影响效果。②林分结构因子之间的总影响系数为 0.894，全部为直接影响；对拦沙减沙的总影响系数为 -0.287，其中直接影响系数为 -1.084，间接影响系数为 0.797；对涵养水源和保育土壤的总影响系数为 1.259，其中直接影响系数为 2.059，间接影响系数为 -0.8。说明刺槐-油松混交林分内部林分结构因子会相互促进，具有较大程度的协同作用；林分结构因子一数值变化时，对拦沙减沙有一定的负效应，对涵养水源和保育土壤有较大的正效应。③林分结构因子二对拦沙减沙的影响系数为 -0.892，其中直接影响系数为 -0.79，间接影响系数为 -0.102；对涵养水源和保育土壤的总影响系数为 -1.491，全部为直接影响。说明林分结构因子二数值变化时，对拦沙减沙及涵养水源和保育土壤有较强的负效应。即林分结构因子二数值越大，涵养水源和保育土壤（数值减小）的功能有一定程度的减弱，拦沙减沙（数值增减小）的功能均有所增强。

　　综上所述，实际中应根据具体水土保持工作的目标，综合考虑地形因子等立地条件，参考以上研究成果来定向定量地分别重点调控林分结构因子，以更为突出地实现相应涵养水源、保持土壤肥力和拦沙减沙中一个或多目标调控的效果。但也要注意地形和林分结构调整应适度，以免负影响积累到一定程度对水资源、土壤水分和肥力产生较大的制约。

表 6-19　刺槐-油松混交林结构方程模型中变量标准化影响系数

影响类型		影响因素			
		地形	林分结构因子一	林分结构因子二	拦沙减沙
标准化总影响	地形	0	0.532	—	—
	林分结构因子二	0.595	0.894	0	—
	拦沙减沙	0.171	−0.287	−0.892	—
	涵养水源和保育土壤	0	1.259	−1.491	—
标准化直接影响	地形	0	0	—	—
	林分结构因子二	0.595	0.894	0	—
	拦沙减沙	0.171	−1.084	−0.79	—
	涵养水源和保育土壤	0	2.059	−1.491	0
标准化间接影响	地形	0	0.532	—	—
	林分结构因子二	0	0	0	—
	拦沙减沙	0	0.797	−0.102	—
	涵养水源和保育土壤	0	−0.8	0	0

2. 潜变量与观测变量之间的关系解释

潜变量与观测变量之间的影响程度和效果也在模型拟合的路径系数计算结果中有所体现(图 6-7)。①影响地形因子的观测变量中,坡度和海拔均表现为正影响,两者影响大小排序为坡度>海拔。②影响林分结构因子一的观测变量中,胸径、冠幅、郁闭度和角尺度均表现为正影响,大小比数和混交度表现为负影响,其中郁闭度的影响是其他因子的 1.7 倍以上。③影响林分结构因子二的 3 个观测变量均表现为正影响,三者影响大小排序为树高>叶面积指数>林层指数。④影响涵养水源和保育土壤的观测变量中,林冠截留率和土壤含水量表现为正影响,枯落物持水率和土壤最大持水量表现为负影响,其中,半分解枯落物持水率和林冠截留率的影响相对于其他因素的影响较显著。⑤影响拦沙减沙的观测变量中,产流量和产沙量均表现为正影响,产流量比产沙量的影响略大。

标准化影响系数也表征各潜变量对各观测变量的影响效果(表 6-20)。①地形变量与产流量、产沙量、海拔、坡度均有正效应。该变量对其相关的坡度、海拔表现为直接效应,对产流量和产沙量表现为间接效应。从影响效果的大小看,地形对坡度和海拔的总影响效果相对较大,分别达到 0.804 和 0.757,对产流量和产沙量的影响效果较小,对其他指标的影响效果接近于 0。②林分结构因子一变量与土壤含水量、林冠截留率、海拔、坡度、叶面积指数、树高、林层指数、冠幅、胸径、郁闭度、角尺度有正效应。与枯落物持水率、土壤最大持水量、产流量、产沙量、混交度、大小比数有负效应。该变量对其相关的 6 个指标表现为直接效应,对其他相关的观测变量均为间接效应。从影响效果的大小看,林分结构因子一对树高、郁闭度和叶面积指数的影响效果最大,影响系数分别为 0.851、0.782 和 0.683,此外,对半分解枯落物持水率、产流量、林冠截留率、海拔、坡度、混交度、大小比数和角尺度的影响效果也比较显著。③林分结构因子二变量与枯落物持水率、土壤最大持水量等观测变量有正效应;与产流量、产沙量等观测变量有负效应。该变量对其相关的树高、叶面积指数和林层指数表现为直接效应,对其他相关的观测变量均为间接效应。从影响效果的大小看,林分结构因子二对半分解枯落物持水率、林冠截留率、产流量、树高、产沙量和叶面积指数的影响效果非常显著,影响系数分别为 1.219、-0.999、-0.998、0.953、-0.79 和 0.764,此外对土壤最大持水量、土壤含水量、海拔、坡度和林层指数等指标的影响效果也比较显著。④拦沙减沙变量与产流量、产沙量有显著的正效应,且均为直接效应,影响系数分别为 1.119 和 0.886。对其他指标的影响效果接近 0。⑤涵养水源和保育土壤变量与林冠截留率和土壤含水量有正效应;与枯落物持水率和土壤最大持水量有负效应,均表现为直接效应。从影响效果的大小看,涵养水源和保育土壤对半分解枯落物持水率的影响效果较为显著,影响系数为-0.265;对其他观测变量的影响系数一般或接近 0。

表 6-20 刺槐-油松混交林的结构方程模型中观测变量标准化影响系数

观测变量	标准化总影响					标准化直接影响					标准化间接影响				
	地形	林分结构因子一	林分结构因子二	拦沙减沙	涵养水源和保育土壤	地形	林分结构因子一	林分结构因子二	拦沙减沙	涵养水源和保育土壤	地形	林分结构因子一	林分结构因子二	拦沙减沙	涵养水源和保育土壤
半分解枯落物持水率	0	-0.598	1.219	0	-0.265	0	0	0	0	-0.265	0	-0.598	1.219	0	0
未分解枯落物持水率	0	-0.034	0.098	0	-0.015	0	0	0	0	-0.015	0	-0.034	0.098	0	0
土壤最大持水量	0	-0.193	0.555	0	-0.085	0	0	0	0	-0.085	0	-0.193	0.555	0	0
产流量	0.192	-0.321	-0.998	1.119	0	0	0	0	1.119	0	0.192	-0.321	-0.998	0	0
产沙量	0.152	-0.254	-0.79	0.886	0	0	0	0	0.886	0	0.152	-0.254	-0.79	0	0
土壤含水量	0	0.218	-0.628	0	0.097	0	0	0	0	0.097	0	0.218	-0.628	0	0
林冠截留率	0	0.348	-0.999	0	0.154	0	0	0	0	0.154	0	0.348	-0.999	0	0
海拔	0.757	0.403	0.451	0	0	0.757	0	0	0	0	0	0.403	0.451	0	0
坡度	0.804	0.428	0.479	0	0	0.804	0	0	0	0	0	0.428	0.479	0	0
叶面积指数	0	0.683	0.764	0	0	0	0	0.764	0	0	0	0.683	0	0	0
树高	0	0.851	0.953	0	0	0	0	0.953	0	0	0	0.851	0	0	0
林层指数	0	0.263	0.295	0	0	0	0	0.295	0	0	0	0.263	0	0	0
冠幅	0	0.289	0	0	0	0	0.289	0	0	0	0	0	0	0	0
胸径	0	0.257	0	0	0	0	0.257	0	0	0	0	0	0	0	0
郁闭度	0	0.782	0	0	0	0	0.782	0	0	0	0	0	0	0	0
混交度	0	-0.36	0	0	0	0	-0.36	0	0	0	0	0	0	0	0
大小比数	0	-0.462	0	0	0	0	-0.462	0	0	0	0	0	0	0	0
角尺度	0	0.311	0	0	0	0	0.311	0	0	0	0	0	0	0	0

3. 刺槐-油松混交林林分结构与水土保持功能之间的耦合关系解释

上述分析借助结构方程模型，深入探讨了刺槐-油松混交林的林分结构与水土保持功能的潜变量之间、潜变量与观测变量之间的耦合关系，并定量化表达了结构和功能之间的路径系数和影响系数。

对适配的模型进行分析和解释，结合第 4 章和第 5 章对刺槐-油松混交林结构和功能进行特征分析、一般统计分析，可以较为清晰地解释和定量化表达刺槐-油松混交林结构和功能之间的耦合关系。

1) 刺槐-油松混交林林分结构中，林分结构因子的两个维度存在显著的正相互影响，路径系数为 0.89，总影响效应为 0.894。且林分结构因子一对树高、叶面积指数和林层指数等指标有较强的间接影响效果，影响系数分别为 0.851、0.683 和 0.263。说明刺槐-油松混交林的林分结构因子在影响水土保持功能的同时，林分内部在水平和垂直两个方向上的生长也存在较强的协同发展和相互促进作用。

2) 林分结构因子一对郁闭度、大小比数等结构因子的影响效果最大，路径系数分别为 0.78 和 –0.46，且总影响效应分别为 –0.782 和 –0.462，说明郁闭度和大小比数在 6 个参与建模的影响因子中对林分结构因子一表达的显著性最强，也是对水土保持功能的影响最为显著的观测变量。将模型分析结果与 4.3 节中林分结构因子一的结果和 4.5 节中刺槐-油松混交林的相关分析结果，包括林木竞争指数取值范围为 1.34～4.58，郁闭度总体趋势随林分密度增大而增大，郁闭度与林分密度和林木竞争指数、大小比数与林层指数在 0.05 及以上水平显著相关，相关系数绝对值均大于 0.7 等结论相结合进行分析，可以看出，刺槐-油松混交林内的林木之间存在着显著的种内竞争，刺槐-油松混交林林分内林木的郁闭度、大小比数为主要的林分结构决定因素，此外，混交度、角尺度，以及与郁闭度相关性极强的林分密度和林木竞争指数综合决定了林分结构因子一，在林分调整的实际工作中需重点考虑。3 个相关的林分结构指标决定林分结构因子二的效果都较明显，其中树高和叶面积指数的影响效果最大，需重点考虑。

3) 林分结构因子一对半分解枯落物持水率、林冠截留率、产流量等功能因子的影响效果最大，其总影响效应的系数分别为 –0.598、0.348 和 –0.321；同时，林分结构因子一与涵养水源和保育土壤、拦沙减沙之间的路径系数分别为 0.99 和 –0.96。这种间接效应是林分结构因子一通过影响涵养水源和保育土壤、拦沙减沙两个潜在变量，间接作用于这 3 个观测变量。可以说，林分结构因子一对于涵养水源和保育土壤中的枯落物持水和林冠截留作用，以及拦沙减沙功能中的产流作用影响效果最为明显。林分结构因子一优化 (主要指郁闭度、冠幅、胸径、角尺度或林分密度增大，其他林分结构因子指标减小) 以后，涵养水源和保育土壤功能(枯落物持水率减小、林冠截留率增大，其他因子略微增加或减少)会显著增强，拦沙减沙(林下的产流量和产沙量减少)功能也会有显著提高，涵养水源和保育土壤的影响效果比拦沙减沙相对明显。将模型的分析结果与 5.4 节和 5.6 节的分析结果，包括刺槐-油松混交林的林冠截留率均值总体呈单峰曲线并存在小幅波动，与产流量、产沙量显著负相关；未分解和半分解两层的枯落物持水能力基本一致，并且与产流量显著相关等结论相结合进行深入分析，可以得出以下结论，结构方程模型的多因子耦合结果与双因子相关分析结果总体一致，但也会存在小部分相反的结论，如改变或优化林分结构因子一可能会减小枯落物持水率、土壤最大持水量，从而略微削弱保育土壤的功能。这更加突出了结构方程模型反映多因子作用下林分结构因子一对涵养水源、保育土壤和拦沙减沙功能产生的复合作用，并突显出林分结构因子一对涵养水源和拦沙减沙功能较为显著。

4) 林分结构因子二与涵养水源和保育土壤、拦沙减沙之间的路径系数分别为–0.97和–0.79，其中与半分解枯落物持水率、林冠截留率、产流量和产沙量之间的总影响效应系数相对较高，分别为 1.219、–0.999、–0.998 和–0.79，对其他的水土保持功能相关观测变量的总影响效应相对较小。这些间接影响效应范围为 0～0.65，且部分因子之间的路径系数较大，这些因子在整个结构和功能系统中的影响也必须予以考虑。结合第 4 章和第 5 章相关结论，如对刺槐-油松混交林土壤入渗率与硝氮、氨氮与硝氮、全磷与产流量和产沙量均具有显著相关关系进行分析。结果表明林分结构因子二优化(指树高、叶面积指数或林层指数增大)，拦沙减沙(数值减小)功能增强，涵养水源和保育土壤(数值减小)功能会显著减弱。根据观测变量之间的相关关系，各项水土保持功能会不同程度地改变，其增强或减弱的幅度大小顺序为涵养水源＞保育土壤＞拦沙减沙。

5) 地形因子与林分结构因子二的关系也非常密切，路径系数为 0.60。地形因子不仅直接影响水土保持功能，还通过林分结构间接影响水土保持功能。也可以说，地形的变化会间接显著影响刺槐-油松混交林林分结构与水土保持功能之间的耦合关系。

综上所述，刺槐-油松混交林的林分结构中，林分结构因子一的作用相对于林分结构因子二较强，均主要作用于涵养水源和拦沙减沙两个方面的水土保持功能。可见，在水平和垂直两个方向的林分结构综合作用下，刺槐-油松混交林林分的水土保持功能强弱排序为涵养水源＞保育土壤＞拦沙减沙。影响水土保持功能的结构因子主要为郁闭度、树高和叶面积指数；受结构因子影响比较显著的水土保持功能因子主要为半分解枯落物持水率、林冠截留率、产流量、产沙量。土壤含水量、土壤最大持水量等水土保持功能因子也在一定程度上受到结构因子的影响。林分结构与水土保持功能的耦合过程和关系是刺槐-油松混交林通过郁闭度等结构因子和树高、叶面积指数等结构因子，综合影响和决定林分整体的水土保持功能。具体过程为：郁闭度、树高、林层指数增大，达到适宜范围时林分结构因子的作用将发挥到最优。此时，林分在降雨过程中的枯落物持水率和林冠截留率会总体增大，产流量和产沙量显著减小，其他非敏感的功能因子也相应发生变化。在耦合过程中，枯落物持水率、林冠截留率、产流量和产沙量属于水土保持功能的敏感因子，各类水土保持功能效应相互叠加，最终突出表现为涵养水源及拦沙减沙的水土保持功能。此外，地形因子也在林分结构和功能耦合过程中起到显著的正向(坡度、海拔)作用。

6.5 不同林分的结构与功能耦合结果对比

由于参与建模的观测变量有一定差异，三种人工林林分结构和功能之间的关系具有一定差异和各自的特点。经过结构方程模型的定量解析，相同因子之间定量化的耦合关系和过程具有可比性。

6.5.1　变量路径对比

　　建模时，变量名称及其对应的观测变量大体上相同，其中刺槐林和油松林参与建模的指标仅在涵养水源和保育土壤变量中相差一个指标；刺槐-油松混交林的林分结构和功能指标经过信度检验和效度分析后，相对于纯林来说，地形因子去掉坡向，林分结构因子一去掉林分密度和林木竞争指数，涵养水源和保育土壤指标去掉土壤入渗率和养分指标。最终，三种林分建模结果的变量之间路径系数的特点如图 6-8 所示。

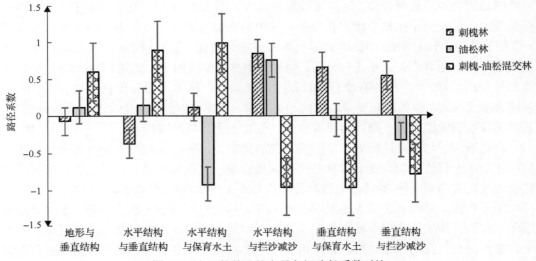

图 6-8　人工林林分的变量之间路径系数对比

　　刺槐林的地形与林分结构因子、林分结构因子之间的路径系数为负，表明这两个路径均为负影响；而油松林和刺槐-油松混交林这两个林分的上述路径均为正影响，且刺槐-油松混交林的路径系数大于油松林。可见，相对于纯林，刺槐-油松混交林的地形对林分结构因子二的影响以及林分结构因子之间的相互影响都有所增强。其影响效果与油松林相似，与刺槐林相反。

　　刺槐林和刺槐-油松混交林的林分结构因子一与涵养水源和保育土壤之间的路径系数为正，表明这个路径为正影响；而油松林的这个路径为负影响。可见，相对于纯林，刺槐-油松混交林的林分结构因子一对保育土壤的影响有所增强。其影响效果与刺槐林相似，与油松林相反。

　　刺槐林和油松林的林分结构因子一与拦沙减沙之间的路径系数为正，表明这个路径为正影响，且刺槐林的路径系数大于油松林；而刺槐-油松混交林的上述路径为负影响，其路径系数大于纯林。可见，相对于纯林，刺槐-油松混交林的林分结构因子一对拦沙减沙功能的影响有所增强。其影响的特性与纯林相反。这是由于刺槐-油松混交林林分结构因子一主导因子为郁闭度，纯林的林分结构因子一主导因子为林分密度和林木竞争指数，这两类因子的影响特性在特征分析和相关分析中均体现为相反的特性。综合多个因子来看，纯林和刺槐-油松混交林的林分结构因子一与拦沙减沙的影响特性实质上是相似的。

　　刺槐林的林分结构因子二与涵养水源和保育土壤、拦沙减沙之间的路径系数为正，表明这两个路径为正影响；而油松林和刺槐-油松混交林这两个林分的上述两个路径均为负影响，且刺槐-油松混交林的路径系数大于油松林。可见，相对于纯林，刺槐-油松混交林的林分结构因子二对涵养水源及保育土壤和拦沙减沙功能的影响均有所增大。其特性与油松林相似，与刺槐林相反。

　　根据上述结论及变量与观测变量的关系，并结合人工林与次生林的对比可知，人工刺槐-油松混交林的林分结构对水土保持功能因子的影响均大于人工纯林，纯林中刺槐林的影响总体大于油松林。刺槐-油松混交林的林分结构对水土保持功能影响的特性更接近次生林的特性。

6.5.2　观测变量的路径系数对比

　　人工林的林分结构与水土保持功能耦合关系建模结果中，参与建模的相同观测变量及其路径系数见表 6-21。

表 6-21　参与建模相同观测变量的路径系数对比

观测变量	刺槐林	油松林	刺槐-油松混交林
坡度	0.97	0.91	0.80
海拔	0.32	−0.98	0.76
胸径	0.30	0.04	0.26
冠幅	0.01	0.01	0.29
郁闭度	−0.17	−0.21	0.78
大小比数	−0.19	0.06	−0.46
角尺度	0.02	0.29	0.31
树高	0.10	0.95	0.97
叶面积指数	0.50	0.28	0.76
林层指数	0.31	0.79	0.29
林冠截留率	−0.48	0.67	0.15
未分解枯落物持水率	0.10	0.28	−0.02
半分解枯落物持水率	0.07	0.11	−0.26
土壤含水量	0.13	0.23	0.1
土壤最大持水量	0.21	−0.12	−0.09
产流量	0.93	0.98	0.97
产沙量	0.91	0.92	0.89

　　由表 6-21 可知，不同林分的坡度、胸径、冠幅、角尺度、树高、叶面积指数、林层指数等结构指标，以及土壤含水量、产流量和产沙量等功能指标的路径系数均为正影响，对其相应的潜变量均表现相似的影响特性，表明这些观测变量越大，其相应的潜变量的特性会越强。而油松林的海拔、刺槐林和油松林的郁闭度、刺槐林和刺槐-油松混交林的

大小比数、刺槐林的林冠截留率、刺槐-油松混交林的枯落物持水率、油松林和刺槐-油松混交林的土壤最大持水量等结构和功能指标的路径系数均为负影响，对其相应的潜变量均表现相对的影响特性，表明这些观测变量越大，其相应的潜变量的特性会越弱。

以上 17 个观测变量中，刺槐-油松混交林的影响特性有 12 个与刺槐林相似，有 13 个与油松林相似，说明刺槐-油松混交林的结构和功能特性结合了刺槐林和油松林两种纯林的特点，但相对于刺槐林来说，其与油松林的特性更接近一点。由于相似度的差距较小，影响因子的绝对值大小也各不相同，且受到部分建模因子存在差异的影响，从观测变量的路径系数的角度分析，仅能得出三种人工林林分的潜变量反映观测变量的程度不同的结果。

综上所述，由人工林林分结构与水土保持功能之间的耦合关系对比可知，林分结构对于水土保持功能影响的强弱排序为：刺槐-油松混交林＞刺槐林＞油松林。同时，刺槐-油松混交林的林分结构对水土保持功能的影响特性更接近次生林的特性。

6.6　小　　结

本章在第 4 章和第 5 章分别对不同林分结构和水土保持功能分析的基础上，对实测指标进行信度和效度检验。核心内容是通过检验的指标，借助结构方程模型定量化表达了人工林林分结构与水土保持功能之间的耦合关系，并对每个因子在上述关系中所起的作用进行描述，得出了林分结构和水土保持功能耦合关系的适配模型，以及基于模型量化的多因子耦合过程。主要结论如下：人工林林分结构和功能关系的结构方程模型拟合结果表明，刺槐和油松纯林的水土保持功能强弱排序均为拦沙减沙＞涵养水源＞保育土壤；刺槐林影响显著且适宜调控的结构因子为林分密度、林木竞争指数和叶面积指数，油松林影响显著且适宜调控的结构因子包括林分密度、林木竞争指数和林层指数。刺槐-油松混交林林分的水土保持功能强弱排序为涵养水源＞保育土壤＞拦沙减沙；影响显著且适宜调控的结构因子为郁闭度和叶面积指数。刺槐-油松混交林的结构与功能变化趋势更接近次生林，可见刺槐-油松混交林比纯林更适宜作为该区域的水土保持林，并且受林分结构影响较敏感的水土保持功能因子为林冠截留率、产流量、产沙量等。此外，地形因子对林分结构与功能耦合过程有显著作用。上述结论为进一步优化调控林分结构、提高水土保持功能提供参考依据。

第7章 基于功能导向的水土保持林植被群落结构定向调控技术

水土保持林植被群落结构优化是为定向调控、改造低效水土保持林分结构服务的，其主要目的是基于现有水土保持效益，通过林分结构优化措施配置来实现涵养水源、保育土壤、拦沙减沙等多项水土保持目标的综合提升。

混交林和次生林的林分结构和水土保持功能特征对比结果表明，刺槐林比油松林的林分结构指标变化相对缓和、异质性较弱、林分长势均匀；混交林与纯林相比，凸显出混交林分各项指标的优越性。从水土保持功能来说，次生林优于混交林的各项水土保持功能，而林分调控和重点改造的人工林中，混交林涵养水源、保持土壤水分和拦沙减沙的功能优于纯林，拦沙减沙功能甚至优于次生林，因此在优化林分结构时应重点考虑将纯林向混交林过渡和转化。此外，刺槐林由于其枯落物分解较容易等，其保持土壤养分的能力较强，也是林分措施配置方向确定的参考因素。确定不同的水土保持功能导向后，实施的林分结构优化措施主要通过传统的林木抚育经营、促天然更新和近自然经营的方式实现，林分结构变化的总体趋势如图 7-1 所示。

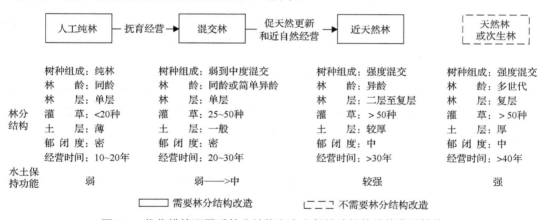

图 7-1 优化措施配置后林分结构和水土保持功能的总体发展趋势

7.1 刺槐林群落结构定向调控

按照模型分析结果，刺槐林林分最为显著的影响因子排序为林分密度、林木竞争指数和胸径，林分结构因子二最为显著的影响因子排序为叶面积指数、林层指数和树高，其中适宜调控的因子为林分结构、林木竞争指数、叶面积指数和林层指数。由于现有的部分刺槐林长势良好、其水土保持功能尚可，实际中可能会保留刺槐纯林。此时，根据特征分析、相关分析和模型分析结果确定调控目标，并按路径系数比对显著的影响因子，采取林木抚育经营的措施来优化刺槐林林分结构(表 7-1)。

表 7-1　刺槐林群落定向调控方式

调控结构因子	调控方向	林木抚育措施	功能变化趋势	调控目标
林分密度	减小	1.间伐：对团状分布的刺槐林实行团状抚育或带状抚育；对随机分布和均匀分布的刺槐林实行全面抚育。对郁闭度在 0.8 以上的林分实行透光间伐。间伐抚育强度一般在 35%左右，间伐后林分郁闭度不小于 0.6，不造成林窗或林分空地 2.择伐：可对林木大小分化差异较大、更新能力较强的刺槐林分实行择伐措施。首先预定林分改造面积，然后定期地、重复地采伐成熟的林木，以便林分实现局部更新。地面始终保持林木覆被，因而最终形成异龄复层林，保证林分生长健康	1.涵养水源、保育土壤提升；2.拦沙减沙小幅减弱	林分密度稳定在 1500～1800 株/hm²
林木竞争指数	减小	1.间伐(方法同上)； 2.择伐(方法同上)		<1.41，越小越好
胸径	增大	1.间伐：(方法同上)，伐去胸径较小、生长缓慢、无培养前途的林木； 2.择伐：(方法同上)，伐去胸径较小、生长缓慢、无培养前途的林木； 3.补植：间伐抚育后在合适位置补植相同树种，使其变为异龄林，可促进林分生长和更新，间接增大保留木的胸径； 4.用灌溉、施肥、除草松土和割灌等抚育措施间接优化胸径		
叶面积指数	增大	1.补植：根据现有林分的分布情况，采用均匀补植、块状补植或林冠下补植的方法，增大叶面积，以提高叶面积指数； 2.用灌溉、施肥、除草松土和割灌等抚育措施来促进林分生长，间接增大叶面积指数		2.04
林层指数	增大	1.用灌溉、施肥、除草松土和割灌等抚育措施促进林分生长，间接促进林层指数增大； 2.间伐和补植：采用间伐等抚育措施伐去部分生长状况不佳的同层林木，之后在合适位置补植相同树种的幼树，使其变为异龄复层林，以间接增大林层指数	1.涵养水源、保育土壤提升；2.拦沙减沙小幅减弱	>0.34，越大越好
树高	增大	用灌溉、施肥、除草松土和割灌等抚育措施促进林分生长，间接增大树高		

其中，林木竞争指数、叶面积指数和林层指数不能直接调控，需要根据计算公式确定可直接调控因子，实现上述 3 个因子的调控。

(1)林木竞争指数

根据林木竞争指数的计算公式，该指数与林木胸径和林木之间的距离有关，其中林木之间的距离属于可直接调控因子，其在公式中作为分母，与林木竞争指数的关系为负相关。林木竞争指数"小于 1.41"的含义为：在生长均匀(胸径基本相同)的林分中，林木之间的距离应大于 0.71m；在生长不均匀(胸径差异大)的林分中，林木之间的距离应大于 2.83m。

(2)叶面积指数

叶面积指数在数值上是指植物叶片总面积与土地面积的比值，可以通过间伐、修枝、补植等方法分别向减小和增大的方向调控。叶面积指数在[2.04,5]的范围内含义为：植物的叶面积应为土地面积的 2.04 倍或以上，但最好小于等于 5 倍，避免遮光度过高。

(3)林层指数

根据林层指数的计算公式可知,林层指数与林木树高层次有关,其中层次个数由人为划分,属于可直接调控因子,在公式中与林层指数成线性正相关关系。林层指数"大于 0.34"的含义为:在生长良好的林分中,林木之间层次为 2~3 层。

以上林木抚育措施属于优化调整刺槐林林分结构的直接措施,均从提高涵养水源、保育土壤等功能的角度提出。若需要强化拦沙减沙的水土保持功能,则需要采取与上述措施相对的措施来适度增大林分密度和林木竞争指数,并减小胸径、树高、叶面积指数和林层指数。在近 10 年较短时间段内,刺槐林在上述林木抚育措施下可以收到一定程度的水土保持效果。然而,从不同林分的林分结构与水土保持功能的长远发展趋势对比来看,混交林更接近次生林或天然林的水土保持功能。为改善刺槐林的水土保持功能,除了上述林木抚育的直接措施以外,从长远来看(实施抚育措施 30 年以后),还需要应用人工促进天然更新和近自然经营的理念和措施来改变刺槐人工纯林的低效性。

从林分层次上来说,水土保持林的理想状态是适地适树情况下的异龄复层混交林。刺槐林被改造成为理想结构的异龄复层混交林,应充分考虑从林分起源、树种组成、林分水平、林分结构因子二以及林分的立地条件等方面进行近自然经营。经过之前的特征分析和建模研究,刺槐-油松混交林的针阔混交模式是比较适宜当地立地条件的,可以作为刺槐林林分经营的目标模式之一。在近 10 年内,可以采用上述直接的林木抚育措施优化林分结构因子,并将林分密度稳定在 1500~1800 株/hm²,乔木层郁闭度稳定在 0.6~0.7;幼树更新情况稳定;林下灌草按照现有发育状态保持下去,层次明显,枯落物也保持丰富且易于分解状态。为此,应先对现有所有的刺槐林林分进行间伐,郁闭度较大的林分被伐后不小于 0.6,保证林分总体健康。在合理密度指导下进行点状、块状或带状补植。其中,对密度过低的林分,可以在林隙补植刺槐和油松两种幼树;对于密度适中的林分,直接补植油松树种,并人工干预促进刺槐幼树更新或后期经间伐逐渐补植刺槐幼树;对于密度较大的林分,先调整林分密度,经过疏伐后再补植油松树种。以上措施的目标均为逐渐将刺槐林调整为异龄复层混交林,其角尺度尽量小于 0.517,呈均匀或随机分布;大小比数稳定在 0.5 左右;尽可能增强混交度,提高针阔比(保持针阔比稳定在 6:4~7:3)。在初步形成刺槐-油松异龄复层混交林后,逐渐减少人工干预,仅去除其中发育不良的林木,任保留木在近自然的立地环境下生长,经 20~30 年时间逐渐培育形成林分结构合理、乔木层和林下灌草层生长健康、水土保持功能较强的近自然混交林。

此外,可将当地次生林中的阔叶树种山杨、辽东栎等引入,作为补植树种,增强混交度,以便近自然林能够尽早形成。对于灌木层生长合理,且与刺槐林的乔木层形成互补的林分,还可考虑人工促进刺槐和林下灌木更新,从而调整为刺槐与天然灌木混交的目标林。经多年培育后也可形成水土保持功能较强的以刺槐为主的近自然林。

7.2　油松林群落结构定向调控

按照模型分析结果,油松林林分最为显著的影响因子排序为林分密度、林木竞争指数、角尺度和郁闭度，林分结构因子二最为显著的影响因子排序为树高、林层指数和叶面积指数，除树高以外，其余因子均较适宜调控。由于现有的部分油松林长势良好、其水土保持功能尚可，实际中可能会保留部分油松纯林。此时，根据特征分析、相关分析和模型分析结果确定调控目标，并按路径系数比对显著的影响因子，采取林木抚育经营的措施来优化油松林林分结构，具体情况见表7-2。

表7-2　油松林群落定向调控方式

调控结构因子	调控方向	林木抚育措施	功能变化趋势	调控目标
林分密度	减小	1.间伐：对团状分布的油松林实行团状抚育或带状抚育；对随机分布和均匀分布的油松林实行全面抚育。对郁闭度在 0.8 以上的林分实行透光间伐。间伐抚育强度一般在 35%左右，间伐后林分郁闭度不小于 0.6，不造成林窗或林分空地。 2.择伐：可对林木大小分化差异较大、更新能力较强的油松林分实行择伐措施(方法同刺槐林择伐)		林分密度稳定在1100～1600 株/hm²
林木竞争指数	减小	1.间伐(方法同上)； 2.择伐(方法同上)		<1.48，越小越好
角尺度	减小	改变胸径、林分密度等基本指标。 1.间伐：(方法同上)，目标是调整林木的角尺度，减小林分的平均角尺度； 2.择伐：(方法同上)，目标是调整林木的角尺度，减小林分的平均角尺度； 3.补植：在间伐抚育后在合适位置补植相同树种，变为异龄林，促进林分生长更新的同时减小林分的平均角尺度； 4.用灌溉、施肥、除草松土和割灌等抚育措施间接优化	涵养水源、保育土壤、拦沙减沙等水土保持功能均提升	减小到[0.375,0.475)均匀分布
郁闭度	增大	1.补植：在林窗或林隙的合适位置补植相同树种，使其变为异龄林，增大乔木层植被覆盖，以增大郁闭度； 2.人工促自然更新：采取人工干预手段，促进林下幼树更新生长，以增大郁闭度； 3.用灌溉、施肥、除草松土和割灌等抚育措施间接增大郁闭度		0.7，抚育期间不小于 0.6
树高	增大	用灌溉、施肥、除草松土和割灌等抚育措施促进林分生长，间接增大树高		
林层指数	增大	1.用灌溉、施肥、除草松土和割灌等抚育措施促进林分生长，间接促进林层指数增大； 2.间伐和补植：采用间伐等抚育措施伐去部分生长状况不佳的同层林木，之后在合适位置补植相同树种的幼树，使其变为异龄复层林，以间接增大林层指数	涵养水源、保育土壤、拦沙减沙等水土保持功能均提升	>0.35，越大越好
叶面积指数	增大	1.补植：根据现有林分的分布情况，采用均匀补植、块状补植或林冠下补植的方法，增大油松的叶面积，以提高油松叶面积指数； 2.用灌溉、施肥、除草松土和割灌等抚育措施来促林分生长，间接增大叶面积指数		1.93

其中，林木竞争指数、叶面积指数和林层指数不能直接调控，需要根据计算公式确定可直接调控因子，实现上述 3 个因子的调控。

(1)林木竞争指数

根据林木竞争指数的计算公式，林木竞争指数与林木胸径和林木之间的距离有关，其中林木之间的距离属于可直接调控因子，其在公式中作为分母，与林木竞争指数的关系为负相关。林分的林木竞争指数"小于 1.48"的含义为：在生长均匀(胸径基本相同)的林分中，林木之间的距离应大于 0.68m；在生长不均匀(胸径差异大)的林分中，林木之间的距离应大于 2.70m。

(2)叶面积指数

叶面积指数在数值上是指植物叶片总面积与土地面积的比值，可以通过间伐、修枝、补植等方法分别向减小和增大的方向调控。叶面积指数在[1.93,5]的范围内含义为：植物的叶面积应为土地面积的 1.93 倍及以上，但最好小于等于 5 倍，避免遮光度过高。

(3)林层指数

根据林层指数的计算公式，林层指数与林木树高层次有关，其中层次个数由人为划分，属于可直接调控因子，在公式中与林层指数成线性正相关关系。林层指数"大于 0.35"的含义为：在生长良好的林分中，林木之间层次为 2~3 层。

以上的林木抚育措施属于优化调整油松林林分结构的直接措施，可以为提高涵养水源、保育土壤及拦沙减沙的水土保持功能服务。近 10 年的较短时间段内，油松林的上述林木抚育措施可以收到一定程度的水土保持效果。然而，从不同林分的林分结构与水土保持功能的长远发展趋势对比来看，混交林更接近次生林或天然林的水土保持功能。要改善油松林的水土保持功能，除了上述林木抚育的直接措施以外，从长远来看(实施抚育措施 30 年以后)，还需要应用人工促进天然更新和近自然经营的理念和措施来改变油松人工纯林的低效性。

可将油松林改造成为理想结构的适地适树情况下的异龄复层混交林，应充分考虑从油松的林分起源、树种组成、林分结构因子及林分的立地条件等方面进行近自然经营。之前的特征分析和建模研究表明，刺槐-油松混交林的针阔混交模式比较适合当地立地条件，可以作为油松林林分经营的目标模式之一。近 10 年内，可以采用上述直接的林木抚育措施优化林分结构因子，并将林分密度稳定在 1100~1600 株/hm²，郁闭度、幼树更新、林下灌草多样性均较稳定，虽然枯落物保持丰富，但相对于刺槐林等阔叶树种来说较不易于分解。基于此，应先对现有所有的刺槐林林分进行间伐，郁闭度较大的林分伐后不小于 0.6，保证林分总体健康，并在合理密度指导下进行补植。其中，对于密度过低的林分，可以在林隙补植油松和刺槐两种幼树；对于密度适中的林分，直接补植刺槐树种，并进行人工干预促进油松幼树更新，或后期经间伐逐渐补植油松幼树；对于密度较大的林分，先调整林分密度，经过疏伐后再补植刺槐树种。以上措施的目标均为逐渐将油松林调整为异龄复层混交林，其角尺度、大小比数尽可能均匀和稳定；尽可能增强混交度，逐渐减小针阔比(保持针阔比稳定在 7∶3~6∶4)。在初步形成刺槐-油松异龄复层混交林后，逐渐减少人工干预，仅去除其中发育不良的林木，任保留木在近自然的立地环境下生长，经 20~30 年时间逐渐培育形成林分结构合理、乔木层和林下灌草层生长健康、水土保持功能较强的近自然混交林。

此外，可将当地次生林中的阔叶树种山杨、辽东栎等引入，作为补植树种，增强混交度，以便近自然林能够尽早形成。对于灌木层生长合理，且与油松林的乔木层形成互补的林分，还可以考虑通过人工措施促进油松和林下灌木更新，从而调整为刺槐与天然灌木混交的目标林。经多年培育后也可以形成水土保持功能较强的以油松为主的近自然林。

7.3　刺槐-油松混交林群落结构定向调控

按照模型分析结果，刺槐-油松林林分结构因子中最显著的影响因子为郁闭度和大小比数，混交度、角尺度、冠幅和胸径也对其影响较为显著。林分结构因子二最显著的影响因子排序为树高、叶面积指数和林层指数，除胸径、树高和冠幅以外，其余因子均较适宜调控。由于现有的刺槐-油松混交林在人工林林分中水土保持功能相对较好，实际中将尽可能保留此种林分。因此，根据特征分析、相关分析和模型分析结果确定调控目标，并按路径系数比对显著的影响因子采取林木抚育经营的措施来优化刺槐-油松混交林林分结构，具体情况见表7-3。

表 7-3　刺槐-油松混交林群落定向调控方式

调控结构因子	调控方向	林木抚育措施	功能变化趋势	调控目标
郁闭度	增大	1.补植：在林窗或林隙的合适位置补植刺槐或油松的幼树，使其变为异龄混交林，增大乔木层植被覆盖，以增大郁闭度； 2.人工促自然更新：采取人工干预手段，促进当前林下更新的幼树生长，以增大郁闭度； 3.用灌溉、施肥、除草松土和割灌等抚育措施间接增大郁闭度		0.77，抚育期间不小于0.6
大小比数	减小	改变胸径、林分密度等基本指标。 1.间伐：对团状分布的混交林实行团状抚育或带状抚育；对随机分布的混交林实行全面抚育；并将林分密度稳定在1600～2000株/hm²。对郁闭度在0.8以上的林分实行透光间伐。间伐抚育强度一般在35%左右，间伐后林分郁闭度不小于0.6，不造成林窗或林分空地。 2.择伐：可对林木大小分化差异较大、更新能力较强的混交林林分实行择伐措施（方法同刺槐林择伐），目标是调整林木的大小比数，减小林分的平均大小比数。 3.补植：间伐抚育后在合适位置补植刺槐或油松，使其变为异龄混交林，促进林分生长更新的同时减小林分的平均大小比数。 4.灌溉、施肥、除草松土和割灌等抚育措施间接优化	涵养水源、保育土壤、拦沙减沙等水土保持功能均提升	0.5，林木大小均匀
树高	增大	用灌溉、施肥、除草松土和割灌等抚育措施促进林分生长，间接增大树高	涵养水源、保育土壤、拦沙减沙等水土保持功能均提升	
叶面积指数	增大	1.补植：根据现有林分的分布情况，采用均匀补植、块状补植或林冠下补植的方法，增大混交林的叶面积，以提高叶面积指数； 2.用灌溉、施肥、除草松土和割灌等抚育措施来促进林分生长，间接增大叶面积指数		2.29
林层指数	增大	1.用灌溉、施肥、除草松土和割灌等抚育措施来促进林分生长，间接使林层指数增大； 2.间伐和补植：采用间伐等抚育措施伐去部分生长状况不佳的同层林木，之后在合适位置补植刺槐或油松树种的幼树，使其变为异龄复层混交林，以间接增大林层指数		大于0.37，越大越好

其中，叶面积指数和林层指数不能直接调控，需要根据计算公式确定可直接调控因

子，实现上述两个因子的调控。

(1) 叶面积指数

叶面积指数在数值上是指植物叶片总面积与土地面积的比值，可以通过间伐、修枝、补植等方法分别向减小和增大的方向调控。叶面积指数在[2.29,5]的范围内含义为：植物的叶面积应为土地面积的 2.29 倍及以上，但最好小于等于 5 倍，避免遮光度过高。

(2) 林层指数

根据林层指数的计算公式，林层指数与林木树高层次有关，其中层次个数由人为划分，属于可直接调控因子，在公式中与林层指数成线性正相关关系。林层指数"大于 0.37"的含义为：在生长良好的林分中，林木之间层次为 2～3 层，且更倾向于分布为 3 层。

以上林木抚育措施属于优化调整刺槐-油松混交林林分结构的直接措施，可以为提高涵养水源、保育土壤及拦沙减沙的水土保持功能服务。近 10 年的较短时间段内，混交林的林木抚育能够收到较好效果。混交林较易发展为近自然林，除了上述直接的林木抚育措施以外，从长远来看(实施抚育措施 30 年以后)，还可引入人工促进天然更新和近自然经营的理念和措施来促进混交林向近自然林转变，使其水土保持效果更加接近次生林或天然林。

从林分层次上来说，比混交林更具有水土保持功能的林分理想状态是适地适树情况下的异龄复层混交林。将刺槐-油松混交林改造成为理想结构的异龄复层混交林，应充分考虑从林分起源、林分结构因子及林分的立地条件等方面进行近自然经营。经过之前的特征分析和建模研究，刺槐-油松混交林的针阔混交模式是比较适合当地立地条件的，可以再通过调整结构提升水土保持功能。近 10 年内，可以直接采用上述林木抚育措施优化林分结构因子，并将林分密度稳定在 1600～2000 株/hm^2，郁闭度、幼树更新、林下灌草多样性均较稳定，枯落物丰富且易于分解。基于此，采取人工干预手段促进林下幼树更新，在合理密度指导下进行间伐和补植，使角尺度、大小比数尽可能保持均匀和稳定；尽可能增强混交度，且针阔混交比保持在 7 : 3～6 : 4。初步形成合理密度的异龄复层混交林后，逐渐减少人工干预，经 20～30 年时间形成林分结构合理、乔木层和林下灌草层生长健康、水土保持功能较强的近自然混交林。

此外，可将当地次生林中的阔叶树种山杨、辽东栎等引入，作为补植树种，增强混交度，以便近自然林能够尽早形成。对于灌木层生长合理，且与混交林的乔木层形成互补的林分，还可以考虑通过人工促进幼树和林下灌木更新措施，从而将其调整为刺槐、油松与天然灌木混交的目标林。经多年培育后也可形成水土保持功能较强的近自然林。

除上述措施以外，地形调整(包括微地形的坡度调整和造林时林分坡向和海拔的选择等)也会显著影响林分结构优化的效果，应在实际中综合考虑。

7.4　黄土高原典型水土保持林植被群落结构定向调控技术

综合考虑上述适宜调控的关键性结构因子和针对现有林分结构的优化措施，提出适合黄土高原典型水土保持林分结构总体优化的建议模式。林分密度、林木竞争指数、郁闭度、叶面积指数和林层指数是各林分结构适宜调控的共同关键指标，同时，角尺度、大小比数、混交度等其他指标也对林分结构的优化有显著贡献。因此，以提高各类型的水土保持功能为导向的林分结构调控，应针对上述共同关键指标开展。其中，林分密度、林木竞争指数、郁闭度相对容易调控，其他几个因子也可以通过人工干预间接调控或经长期抚育逐渐改变，林分结构优化模式就是针对上述因子的模式。黄土高原典型水土保持林的适宜林分结构(优化调控目标)：林分密度约为 1600 株/hm²；林木竞争指数＜1.41，属于中低度竞争(即林木之间胸径的比值与林木之间距离之比越小越好)；郁闭度为 0.7 左右，抚育期不小于 0.6；角尺度为[0.375,0.475)，达到均匀分布；大小比数稳定在 0.5 左右，大小差异程度适宜；林层指数＞0.37(林木大多分布于 2 层)；叶面积指数≥2.29，表明林冠层叶面积交错程度越大越好(但由于交错程度太大会影响郁闭度和光能利用效率，叶面积指数一般不超过 5)。其他指标的调控也可以优化水土保持功能，如混交度越大越好。为达到上述调控目标，提出如下典型林分结构优化模式建议。

1) 现有林的抚育措施综合配置：针对黄土高原典型的水土保持林分，可以考虑采用间伐或择伐的方式来减小林分密度和林木竞争指数，达到合理的林分密度区间；或通过补植、人工促自然更新等方法增大郁闭度。考虑到黄土高原缺水的特性，还可以通过施肥、除草松土和割灌等间接优化措施及长时间的近自然经营来进行现有林的优化配置，逐渐改造为水土保持功能较强的异龄复层混交的近自然林。

2) 造林期的措施综合配置：针对黄土高原需要通过造林来保持水土的区域，可以更全面地综合考虑各项便于调控的敏感因子，经过初期的造林设计控制好林分结构，促进林分健康成长为异龄复层混交的近自然林，最终实现多目标的水土保持功能优化。

7.5　小　　结

本章基于结构方程模型拟合人工林林分结构和水土保持功能之间的耦合关系结果，提出水土保持功能导向的林分结构因子优化的决定性因子和按路径系数比例进行优化的林木抚育措施，以及引入近自然经营理念下的近自然林培育措施，以便提高单一的涵养水源、保育土壤、拦沙减沙或多目标导向的水土保持功能水平。主要结论如下：基于不同林分特点确定了适宜调控的林分结构因子，并参考特征分析、相关分析和建模结果中的路径系数比，确定林分密度、郁闭度、角尺度、大小比数、叶面积指数、林层指数和混交度等量化调控目标。在此基础上，提出林分结构定量优化措施配置，如间伐、择伐、补植等林木抚育措施。同时按照长远规划，采取近自然经营措施，将现有林分逐渐改造为异龄复层混交的水土保持林，来逐渐增强各项水土保持功能。

第8章 林分定向调控效果和展望

8.1 定向调控依据

结构方程模型的理念现已应用于很多自然科学领域的多变量耦合关系的研究中，在林业生态领域取得了较好的效果。国内外学者在森林、灌草、湿地等生态系统中的应用研究证明了该模型的科学性和可靠性，如林分生长及其影响因子关系、灌丛与沙地关系、林分分层与生物多样性关系等。区域的水土保持功能主要受黄土高原区域地形和人工造林的林分结构等相关的诸多因素限制。利用结构方程模型对区域内刺槐林、油松林和刺槐-油松混交林的林分结构与水土保持功能之间的耦合过程和关系进行研究，各林分特征和调控技术如下所示。

1) 人工林和次生林的各项结构指标特征具有部分相似性和参照性，包括胸径和树高的分布均呈现单峰曲线（即正态分布）、冠幅分布随冠幅区间增大而逐渐减小、角尺度和大小比数随林分密度变化的趋势基本相同等。这说明各林分大多呈现出团状分布的空间分布格局，林分长势的大小差异较小，相对比较均匀。可见人工林的上述基本指标的特征与次生林的特征差异也较小。

2) 人工林和次生林的胸径、树高和冠幅分布的变化趋势存在差异。胸径分布中，刺槐胸径在纯林中的径阶分布比在混交林中更为集中（75.34%＞64.49%）；而油松胸径在混交林中的径阶分布比在纯林中更为集中（76.27%＜80.49%）。可见，刺槐-油松混交林的林分结构与纯林的结构存在较大的异质性。树高分布中，刺槐和油松树高在纯林中的高阶分布比在混交林中更为集中（分别为 77.66%＞63.55%，84.75%＞64.23%），可见，刺槐-油松混交林的林分结构与纯林的结构存在较大的异质性，并且其树高分布比纯林更分散。冠幅分布中，刺槐冠幅在纯林中的冠幅分布比在混交林中更集中（71.67%＞68.22%），而油松冠幅在混交林中的冠幅分布比在纯林中更为集中（73.45%＜86.99%），刺槐-油松混交林的林分结构与纯林的结构存在较大的异质性。这 3 个指标在人工林与次生林之间进行对比，发现次生林的胸径、树高、冠幅分布更为均匀，树高比人工林总体要高且相对分散。

3) 人工林和次生林的郁闭度从大到小依次排列为：刺槐-油松混交林＞油松林＞刺槐林＞山杨-栎类次生林；人工纯林的郁闭度随林分密度相关的变化趋势主要呈现波动态势，刺槐-油松混交林和山杨-栎类次生林的郁闭度总体趋势是随林分密度增大而逐渐增大。各林分角尺度大部分是团状分布，但刺槐林和油松林存在较多的随机分布和较少的均匀分布；刺槐-油松混交林和山杨-栎类次生林存在随机分布而不存在均匀分布。由各林分的大小比数分析发现人工纯林和刺槐-油松混交林相比，刺槐-油松混交林的树木大小差异较小；而人工林与山杨-栎类次生林相比，刺槐-油松混交林的大小差异程度与山杨-栎类次生林更相似。从这 3 个林分结构因子指标的分析结果可以看出，刺槐-油松人工林与山杨-栎类次生林相比，刺槐-油松混交林的空间分布格局和大小差异性与山杨-栎类次生林更接近。

4) 各林分类型叶面积指数的最大值从大到小依次排列为：刺槐林＞刺槐-油松混交林＞油松林＞山杨-栎类次生林，最小值排序与最大值相反，反映出人工林林分的叶面积指数受林分密度影响较大，而山杨-栎类次生林的叶面积指数受林分密度影响较小。同时不同林分的林层指数变化趋势各不相同，表现出极大的异质性和复杂性。这两个垂直指标的特征表明各林分的林分结构因子内部关系更为复杂。

5) 不同林分均具有一定程度的涵养水源、保育土壤和拦沙减沙等水土保持功能，山杨-栎类次生林与人工林的功能区别较大，但人工林的功能较为接近。其中，山杨-栎类次生林的林下草本物种丰富度和多样性总体高于人工林，人工林中纯林的草本物种丰富度和多样性高于刺槐-油松混交林。刺槐-油松混交林的林冠截留率和土壤入渗率在各林分中相对较大，其涵养水源的能力相对较强。保育土壤功能方面，山杨-栎类次生林优于人工林，刺槐-油松混交林保护土壤水分的功能优于纯林，纯林保护土壤养分的功能优于刺槐-油松混交林。拦沙减沙功能方面，山杨-栎类次生林优于人工林，刺槐-油松混交林优于纯林。

6) 模型拟合结果如下：①刺槐林林分结构因子一的作用相对较强，也较为集中，主要作用于拦沙减沙和涵养水源两个方面的水土保持功能；林分结构因子二的作用相对较弱，也较为普遍，对各项水土保持功能存在不同程度的小幅作用；刺槐林的水土保持功能强弱排序为：拦沙减沙＞涵养水源＞保育土壤。影响其水土保持功能的结构因子主要为林分结构、林木竞争指数和叶面积指数；受结构因子影响比较显著的水土保持功能因子主要为产流量、产沙量和林冠截留率。②油松林林分结构因子一的作用相对较强，主要作用于拦沙减沙和涵养水源两个方面的水土保持功能；林分结构因子二的作用相对较弱，主要作用于拦沙减沙功能；油松林的水土保持功能强弱排序为：拦沙减沙＞涵养水源＞保育土壤。影响其水土保持功能的结构因子主要为林分密度、林木竞争指数、树高和林层指数；受结构因子影响比较显著的水土保持功能因子主要为林冠截留率、产流量、产沙量。③混交林林分结构因子之间作用较强，均主要作用于涵养水源和拦沙减沙两个方面的水土保持功能；刺槐-油松混交林林分的水土保持功能强弱排序为：涵养水源＞保育土壤＞拦沙减沙；影响水土保持功能的结构因子主要为郁闭度、树高和叶面积指数；受结构因子影响比较显著的水土保持功能因子主要为半分解枯落物持水率、林冠截留率、产流量、产沙量。此外，地形因子也在林分结构和功能耦合过程中起到了显著作用。

7) 综合特征分析、相关分析和模型分析的结果，刺槐-油松混交林的各项指标变化趋势与次生林更为相似，说明人工造林中的刺槐-油松混交林比纯林更适宜区域的立地条件和生长环境。同时刺槐-油松混交林在提升水土保持功能中的作用比刺槐林或油松林更为显著，刺槐-油松混交林涵养水源、保持土壤水分和拦沙减沙的功能也优于纯林，尤其是拦沙减沙功能甚至优于山杨-栎类次生林。实际中应该更加关注刺槐-油松混交林的林木生长和结构的优化，从而更好地从多维度提升林分的水土保持功能。总体优化调控目标为林分密度约 1600 株/hm^2；林木竞争指数＜1.41（中度竞争）；郁闭度约 0.7，抚育期不小于 0.6；角尺度为[0.375,0.475)，达到均匀分布；大小比数稳定在 0.5 左右，大小差异程度适宜；林层指数＞0.37(林木大多分布为 2 层)；叶面积指数≥2.29(一般不超过 5)。

8) 在特征分析和模型模拟的基础上，提出按路径系数比调控的林分结构优化措施配置。刺槐纯林、油松纯林及现有的刺槐-油松混交林均应通过调整不同的影响因子的林木抚育措施和近自然经营，改造为各项水土保持功能均优于纯林的适地适树的异龄复层混交林，从而提升整个区域的各项水土保持功能。其中，林木抚育措施主要有间伐、择伐、补植或针对性的灌溉、施肥、除草松土和割灌等；近自然经营则注重林分合理密度、郁闭度、角尺度、大小比数和混交度(针阔比)等结构指标的稳定性，以及林木生长、幼树更新、林下灌草多样性、枯落物留存量和分解速度等林分健康程度。

8.2　调　控　效　果

上述调控方法是结构方程模型在林业生态和水土保持等领域的应用，其结果可以作为结构和功能之间多因子耦合过程和关系的参考，也在此基础上提出了相应的林分结构优化方案。调控效果主要体现在减小了黄土高原典型的水土保持林分的密度和林木竞争指数，达到合理的林分密度区间；同时，通过补植、人工促自然更新等方法增大了郁闭度。在优化配置林分结构的基础上辅助进行施肥、除草松土和割灌等间接优化措施，以及长时间的近自然经营，逐渐将现有低效林转变为水土保持功能较强的异龄复层混交的近自然林，最终实现林分健康生长、水土保持功能优化等多目标高效林。

可见，林分结构的优化措施配置，应着眼长远、可持续的经营和发展，以建成高效的，具有各类生态、经济和社会效益，有利于提高当地人民生产生活水平的水土保持林。

8.3　展　　　望

刺槐纯林、油松纯林及刺槐-油松混交林的林分结构与水土保持功能之间的多因子耦合关系一直是黄土高原区水土保持林分研究的热点和难点。研究涉及森林培育、林业生态工程、水土保持、数学等多学科交叉，需要大量的现有研究成果经验及内外业实验数据作为基础。这一领域的研究大多集中在少数几个关联性强的影响因子耦合关系上，数十个因子之间耦合的研究可参考的资料还较少。采用目前受到国内外学者广泛关注的结构方程模型建模的方法，通过将适配的模型分析结果与特征分析、相关分析等结果进行对比，结合现有的大量研究结论，取得了一些多因子耦合关系研究成果。但随着研究的加深，发现研究中有些问题还需要进一步挖掘，建模结果还应与实践应用进一步结合调整并补充完善，以满足现实的林分结构优化需要，从而切实提高区域内水土保持林的涵养水源、保育土壤、拦沙减沙和保护生物多样性等各项水土保持功能。

未来研究可以从以下方面进一步深入挖掘：①结构方程模型在水土保持科学领域的研究较少，缺乏可借鉴的研究成果，在初始模型构建方面还存在一定不足。例如，结构和功能指标体系的建立与观测变量选取依据相对缺乏，只能通过经验理论和定性分析来建立假设模型，这些都需要未来做更加细化和量化的研究。②参数率定和模型修正时，只要适配参数符合对应的适配范围即可接受假设且模型成立，但由于调参过程复杂、不同林分的调参对象可能存在差别，因此虽然建模结果和模型精度可以接受，但在探索不同人工林林分之间的关系时，它们之间的相似性和差异性分析将受到一定程度的影响。③水土保持功能导向有差异，且水土保持工作的实际目标不同，对林分结构的定向调控方向不同，在按比例对各影响因子实施抚育措施和近自然经营过程中，需要结合不同的水土保持目标，甚至未来更要兼顾提高林副产品生产、旅游资源开发及景观和环境美化等经济效益和社会效益。

参 考 文 献

安慧君. 2003. 阔叶红松林空间结构研究[D]. 北京林业大学博士学位论文.

安慧君, 惠刚盈, 郑小贤, 等. 2005. 不同发育阶段阔叶红松林空间结构的初步研究[J]. 内蒙古大学学报（自然科学版）, (6): 116-120.

毕华兴, 李笑吟, 李俊, 等. 2007. 黄土区基于土壤水平衡的林草覆被率研究[J]. 林业科学, (4): 17-23.

曹恭祥, 王彦辉, 熊伟, 等. 2014. 基于土壤水分承载力的林分密度计算与调控——以六盘山华北落叶松人工林为例[J]. 林业科学研究, (2): 133-141.

曹小玉, 李际平, 封尧, 等. 2015a. 杉木生态公益林林分空间结构分析及评价[J]. 林业科学, (7): 37-48.

曹小玉, 李际平, 周永奇, 等. 2015b. 杉木林林层指数及其与林下灌木物种多样性的关系[J]. 生态学杂志, (3): 589-595.

柴宗政. 2016. 基于相邻木关系的森林空间结构量化评价及 R 语言编程实现[D]. 西北农林科技大学博士学位论文.

陈东来, 秦淑英. 1994. 山杨天然林林分结构的研究[J]. 河北农业大学学报, (1): 36-43.

陈学群. 1995. 不同密度 30 年生马尾松林生长特征与林分结构的研究[J]. 福建林业科技, (S1): 40-43.

楚春晖, 佘济云, 陈冬洋, 等. 2016. 大围山杉木林林分生长与影响因子耦合分析[J]. 西南林业大学学报, (2): 108-112.

杜强. 2010. 泰山罗汉崖林场森林近自然结构与水土保持功能[D]. 山东农业大学博士学位论文.

方书敏, 赵传燕, 荐圣淇, 等. 2013. 陇中黄土高原油松人工林林冠截留特征及模拟[J]. 应用生态学报, (6): 1509-1516.

冯磊, 王治国, 孙保平, 等. 2012. 黄土高原水土保持功能的重要性评价与分区[J]. 中国水土保持科学, 10(4): 16-21.

龚直文, 亢新刚, 顾丽, 等. 2009. 天然林林分结构研究方法综述[J]. 浙江林学院学报, (3): 434-443.

郭宝妮. 2013. 晋西黄土区主要水土保持树种耗水特性研究[D]. 北京林业大学博士学位论文.

韩春华, 赵雨森, 辛颖, 等. 2012. 阿什河上游小流域主要林分枯落物层的持水特性[J]. 林业科学研究, (2): 212-217.

郝清玉, 王立海. 2006. 长白山林区天然阔叶林培育大径木高产林分的结构分析[J]. 森林工程, (1): 1-4, 7.

何斌, 黎跃, 王凌晖. 2003. 八角林分水源涵养功能的研究[J]. 南京林业大学学报(自然科学版), (6): 63-66.

何常清, 于澎涛, 管伟, 等. 2006. 华北落叶松枯落物覆盖对地表径流的拦阻效应[J]. 林业科学研究, (5): 595-599.

贺姗姗. 2009. 北京山区油松人工林林分结构与生长模拟研究[D]. 北京林业大学博士学位论文.

贺姗姗, 张怀清, 彭道黎. 2008. 林分空间结构可视化研究综述[J]. 林业科学研究, (S1): 100-104.

洪宜聪. 2016. 杉木闽粤栲混交林分特征与水土保持功能研究[J]. 江苏林业科技, (43): 18-24.

侯杰泰, 成子娟. 1999. 结构方程模型的应用及分析策略[J]. 心理学探新, (1): 54-59.

侯向阳, 进轩. 1997. 长白山红松林主要树种空间格局的模拟分析[J]. 植物生态学报, (3): 47-54.

胡传银, 连光学, 王保英, 等. 2004. 何店小流域水土保持措施蓄水拦沙效益分析[J]. 中国水土保持, (10): 36-37.

胡顺军, 田长彦, 宋郁东, 等. 2011. 土壤渗透系数测定与计算方法的探讨[J]. 农业工程学报, (5): 68-72.

胡文力, 亢新刚, 董景林. 2003. 长白山过伐林区云冷杉针阔混交林林分结构的研究[J]. 吉林林业科技, (3): 1-6, 10.

胡雪凡. 2012. 不同经营措施对华北落叶松人工林结构和生长的影响[D]. 河北农业大学博士学位论文.

黄麟, 曹巍, 吴丹, 等. 2015. 2000—2010 年我国重点生态功能区生态系统变化状况[J]. 应用生态学报, (9): 2758-2766.

黄土高原水土保持体验馆. 水土流失概览知识点——黄土高原. http://b2museum.cdstm.cn/swc/stls/gaoyuan. htm.

黄笑. 2017. 金洞林场闽楠人工林林分结构与多功能研究[D]. 中南林业科技大学硕士学位论文.

黄耀. 2017. 黄土高原油松人工林多功能评价研究[D]. 西北农林科技大学博士学位论文.

惠刚盈. 1999. 角尺度——一个描述林木个体分布格局的结构参数[J]. 林业科学, (1): 39-44.

惠刚盈, von Gadow K, Albert M. 1999. 一个新的林分空间结构参数——大小比数[J]. 林业科学研究, 12(1): 1-6.

惠刚盈, von Gadow K, 胡艳波, 等. 2004. 林木分布格局类型的角尺度均值分析方法[J]. 生态学报, 24(6): 1225-1229.

惠刚盈, 胡艳波. 2001. 混交林树种空间隔离程度表达方式的研究[J]. 林业科学研究, (1): 23-27.

惠刚盈, 克劳斯·冯佳多. 2003. 森林空间结构量化分析方法[M]. 北京: 中国科学技术出版社.

纪福利. 2008. 华北落叶松人工林土壤水分变化规律的研究[J]. 河北林业, (4): 29-30.

贾小容, 苏志尧, 区余端, 等. 2011. 三种人工林分的冠层结构参数与林下光照条件[J]. 广西植物, (4): 473-478, 544.

贾秀红. 2013. 鄂中低丘区水土保持林结构与功能关系研究[D]. 华中农业大学博士学位论文.

焦一杰. 2009. 北方杨树人工林干部病害立地及林分调控机制[D]. 中国林业科学研究院硕士学位论文.

康玲玲, 王云璋, 陈江南, 等. 2004. 水土保持坡面措施蓄水拦沙指标体系的回顾与评价[J]. 中国水土保持科学, (1): 83-88.

康文星, 田大伦. 2002. 湖南省森林公益效能经济评价Ⅲ　森林的净化空气效益[J]. 中南林学院学报, (1): 7-10.

亢新刚, 胡文力, 董景林, 等. 2003. 过伐林区检查法经营针阔混交林林分结构动态[J]. 北京林业大学学报, (6): 1-5.

赖玫妃, 刘健, 余坤勇, 等. 2007. 闽江生态公益林类型与森林水源涵养关系[J]. 福建林学院学报, (2): 157-160.

李贵玉. 2007. 黄土丘陵区不同土地利用类型下土壤入渗性能对比研究[D]. 西北农林科技大学硕士学位论文.

李慧, 汪景宽, 裴久渤, 等. 2015. 基于结构方程模型的东北地区主要旱田土壤有机碳平衡关系研究[J]. 生态学报, (2): 517-525.

李纪亮. 2008. 宝天曼栎类天然次生林林分结构量化分析[D]. 河南农业大学博士学位论文.

李俊. 2012. 南方集体林区典型林分类型结构特征及生长模型研究[D]. 中南林业科技大学博士学位论文.

李少宁, 鲁韧强, 潘青华, 等. 2008. 北京山地绿化树种引进效果及其土壤保育功能研究[J]. 灌溉排水学报, (6): 83-87.

李毅, 孙雪新, 康向阳. 1994. 甘肃胡杨林分结构的研究[J]. 干旱区资源与环境, (3): 88-95.

刘韶辉. 2011. 湖南会同亚热带次生阔叶林群落特征及种间关系研究[D]. 中南林业科技大学博士学位论文.

柳仲秋. 2010. 水土保持功能研究[J]. 科学之友, (20): 110-111.

芦新建, 贺康宁, 王辉, 等. 2014. 应用 Gash 模型对青海高寒区华北落叶松人工林林冠截留的模拟[J]. 水土保持学报, (4): 44-48.

吕林昭, 亢新刚, 甘敬. 2008. 长白山落叶松人工林天然化空间格局变化[J]. 东北林业大学学报, (3): 12-15, 27.

吕勇, 臧颢, 万献军, 等. 2012. 基于林层指数的青檀混交林林层结构研究[J]. 林业资源管理, (3): 81-84.

孟宪宇, 葛宏立. 1995. 云杉异龄林立地质量评价的数量指标探讨[J]. 北京林业大学学报, (1): 1-9.

孟宪宇, 张弘. 1996. 闽北杉木人工林单木模型[J]. 北京林业大学学报, (2): 1-8.

明曙东, 粟星宏, 顾扬传, 等. 2016. 毛竹天然混交林空间结构特征研究[J]. 世界竹藤通讯, (5): 1-6.

潘迪. 2014. 晋西黄土区典型森林植被耗水规律研究[D]. 北京林业大学硕士学位论文.

潘声旺, 袁馨, 胡明成, 等. 2015. 初始绿化植物生活型构成对边坡植被群落特征及水土保持性能的影响[J]. 西北农林科技大学学报(自然科学版), (43): 217-224.

茹豪. 2015. 晋西黄土区典型林地水文特征及功能分析[D]. 北京林业大学博士学位论文.

尚爱军. 2008. 黄土高原植被恢复存在的问题及对策研究[J]. 西北林学院学报, (5): 46-50, 54.

邵方丽, 余新晓, 杨志坚, 等. 2012. 天然杨桦次生林表层土壤水分与枯落物的空间异质性[J]. 水土保持学报, (3): 199-204.

佘济云, 曾思齐, 陈彩虹. 2002. 低效马尾松水保林林下植被及生态功能恢复研究Ⅱ 恢复成效的分析与评价[J]. 中南林业调查规划, (3): 1-3.

时忠杰, 王彦辉, 熊伟, 等. 2006. 单株华北落叶松树冠穿透降雨的空间异质性[J]. 生态学报, (9): 2877-2886.

史宇. 2011. 北京山区主要优势树种森林生态系统生态水文过程分析[D]. 北京林业大学博士学位论文.

汤孟平. 2010. 森林空间结构研究现状与发展趋势[J]. 林业科学, (1): 117-122.

汤孟平, 陈永刚, 施拥军, 等. 2007. 基于 Voronoi 图的群落优势树种种内种间竞争[J]. 生态学报, (11): 4707-4716.

汤孟平, 娄明华, 陈永刚, 等. 2012. 不同混交度指数的比较分析[J]. 林业科学, (8): 46-53.

汤孟平, 唐守正, 雷相东, 等. 2003. Ripley's K(d)函数分析种群空间分布格局的边缘校正[J]. 生态学报, (8): 1533-1538.

汤孟平, 唐守正, 雷相东, 等. 2004. 林分择伐空间结构优化模型研究[J]. 林业科学, (5): 25-31.

汤孟平, 周国模, 施拥军, 等. 2006. 天目山常绿阔叶林优势种群及其空间分布格局[J]. 植物生态学报, (5): 743-752.

唐效蓉, 李午平, 邓国宁, 等. 2005. 施肥与抚育间伐对马尾松天然次生林土壤肥力的影响[J]. 湖南林业科技, (5): 23-26.

田永宏, 郑宝明, 王煜, 等. 1999. 黄河中游韭园沟流域坝系发展过程及拦沙作用分析[J]. 土壤侵蚀与水土保持学报, (S1): 24-28.

王宏翔. 2017. 天然林林分空间结构的二阶特征分析[D]. 中国林业科学研究院博士学位论文.

王宏翔, 胡艳波, 赵中华, 等. 2014. 林分空间结构参数——角尺度的研究进展[J]. 林业科学研究, (6): 841-847.

王力, 李裕元, 李秋芳. 2004. 黄土高原生态环境的恶化及其对策[J]. 自然资源学报, (2): 263-271.

王树力, 梁晓娇, 马超. 2017. 基于结构方程模型的羊柴灌丛与沙地土壤间耦合关系[J]. 北京林业大学学报, (1): 1-8.

王树力, 周健平. 2014. 基于结构方程模型的林分生长与影响因子耦合关系分析[J]. 北京林业大学学报, (5): 7-12.

王顺忠, 王飞, 张恒明, 等. 2006. 长白山阔叶红松林径级模拟研究——林分模拟[J]. 北京林业大学学报, (5): 22-27.

王威. 2010. 北京山区水源涵养林结构与功能耦合关系研究[D]. 北京林业大学博士学位论文.

王香春. 2011. 内蒙古大青山华北落叶松人工林直径分布规律与生长模型的研究[D]. 内蒙古农业大学博士学位论文.

王酉石, 储诚进. 2011. 结构方程模型及其在生态学中的应用[J]. 植物生态学报, (3): 337-344.

魏强, 张秋良, 代海燕, 等. 2008. 大青山不同林地类型土壤特性及其水源涵养功能[J]. 水土保持学报, (2): 111-115.

韦红波, 李锐, 杨勤科. 2002. 我国植被水土保持功能研究进展[J]. 植物生态学报, (4): 489-496.

魏曦, 毕华兴, 梁文俊. 2017. 基于 Gash 模型对华北落叶松和油松人工林冠层截留的模拟[J]. 中国水土保持科学, (6): 27-33.

吴明隆. 2010. 结构方程模型: AMOS 的操作与应用[M]. 第 2 版. 重庆: 重庆大学出版社.

夏富才, 赵秀海, 潘春芳, 等. 2010. 长白山阔叶红松林林分空间结构[J]. 应用与环境生物学报, (4): 529-533.

夏江宝, 杨吉华, 李红云, 等. 2004. 山地森林保育土壤的生态功能及其经济价值研究——以山东省济南市南部山区为例[J]. 水土保持学报, (2): 97-100.

徐化成, 范兆飞, 王胜. 1994. 兴安落叶松原始林林木空间格局的研究[J]. 生态学报, (2): 155-160.

徐郑周. 2010. 燕山山地华北落叶松人工林生物量分配格局及植物多样性的研究[D]. 河北农业大学硕士学位论文.

杨平. 2009. 重庆四面山水土保持林土壤——植物养分及生物多样性研究[D]. 北京林业大学博士学位论文.

姚爱静. 2014. 晋西黄土区人工刺槐林植被结构分析[J]. 国际沙棘研究与开发, (1): 39-45.

姚爱静, 朱清科, 张宇清, 等. 2005. 林分结构研究现状与展望[J]. 林业调查规划, (2): 70-76.

易文明, 周刚, 邓家友, 等. 2011. 慈利县水土保持林下凋落物的蓄水功能[J]. 中南林业科技大学学报, (3): 144-146.

游水生, 梁一池, 杨玉盛, 等. 1995. 福建武平米槠种群生态空间分布规律的研究[J]. 福建林学院学报, (2): 103-106.

余新晓, 吴岚, 饶良懿, 等. 2008. 水土保持生态服务功能价值估算[J]. 中国水土保持科学, (1): 83-86.

原翠萍, 李淑芹, 雷启祥, 等. 2010. 黄土丘陵沟壑区治理与非治理对比小流域侵蚀产流比较研究[J]. 中国农业大学学报, (6): 95-101.

臧廷亮, 张金池. 1999. 森林枯落物的蓄水保土功能[J]. 南京林业大学学报, (2): 82-85.

张彪, 李文华, 谢高地, 等. 2008. 北京市森林生态系统的水源涵养功能[J]. 生态学报, (11): 5619-5624.

张超, 王治国, 凌峰, 等. 2016. 水土保持功能评价及其在水土保持区划中的应用[J]. 中国水土保持科学, (5): 90-99.

张复兴. 2008. 五台山不同林分类型水源涵养功能研究[J]. 中国农学通报, (7): 136-139.

张建华. 2014. 冀北山地华北落叶松典型林分结构功能评价与近自然经营研究[D]. 北京林业大学博士学位论文.

张建军, 贺维, 纳磊. 2007. 黄土区刺槐和油松水土保持林合理密度的研究[J]. 中国水土保持科学, (2): 55-59.

张金屯. 1998. 植物种群空间分布的点格局分析[J]. 植物生态学报, (4): 57-62.

张文辉, 刘国彬. 2007. 黄土高原植被生态恢复评价、问题与对策[J]. 林业科学, (1): 102-106.

张宇. 2010. 不同密度华北落叶松人工林径阶结构及水土保持功能的研究[D]. 河北农业大学硕士学位论文.

赵安玖, 陈昆, 郭世刚. 2014. 基于不同空间插值模型的川西南山地常绿阔叶林叶面积指数估测[J]. 自然资源学报, (4): 598-609.

赵春燕, 李际平, 封尧, 等. 2015. 考虑 k 阶邻近林木的混交度[J]. 林业科学, (4): 89-95.

赵晓春. 2011. 贺兰山典型森林类型凋落物层水文效应研究[D]. 西北农林科技大学博士学位论文.

赵中华, 惠刚盈, 胡艳波, 等. 2014. 基于大小比数的林分空间优势度表达方法及其应用[J]. 北京林业大学学报, (1): 78-82.

赵中华, 惠刚盈, 胡艳波, 等. 2016. 角尺度判断林木水平分布格局的新方法[J]. 林业科学, (2): 10-16.

周健平. 2015. 基于结构方程模型的林分特征因子间耦合关系分析[D]. 东北林业大学博士学位论文.

周隽, 国庆喜. 2007. 林木竞争指数空间格局的地统计学分析[J]. 东北林业大学学报, (9): 42-44.

Aguirre O, Hui G, von Gadow K, et al. 2003. An analysis of spatial forest structure using neighbourhood-based variables [J]. Forest Ecology and Management, 183(1): 137-145.

Antos J A, Parish R. 2002. Dynamics of an old-growth, fire-interior British Columbia: tree size, age, and spatial structure[J]. Canadian Journal of Forest Research, 32(11): 1935-1946.

Attarod P, Sadeghi S M M, Pypker T G, et al. 2015. Needle-leaved trees impacts on rainfall interception and canopy storage capacity in an arid environment [J]. New Forests, 46(3): 339-355.

Bailey R. 1975. Heat Transfer to liquid helium. Design data for bath cooled superconducting magnets [J]. International Conference on Magnet Technology, Frascati, 1975: 582-589.

Bao T Q. 2011. Effect of mangrove forest structures on wave attenuation in coastal Vietnam [J]. Oceanologia, 53(3): 807-818.

Béland M, Lussier J M, Bergeron Y, et al. 2003. Structure, spatial distribution and competition in mixed jack pine (Pinus banksiana) stands on clay soils of eastern Canada [J]. Annals of Forest Science, 60(7): 609-617.

Bella I E. 1971. A new competition model for individual trees [J]. Forest Science, 17(17): 364-372.

Bettinger P, Tang M. 2015. Tree-level harvest optimization for structure-based forest management based on the species mingling index [J]. Forests, 6(4): 1121-1144.

Biondi F, Myers D E, Avery C C. 1994. Geostatistically modeling stem size and increment in an old-growth forest [J]. Canadian Journal of Forest Research, 24(7): 1354-1368.

Bormann F H, Likens G E. 1979. Pattern and process in a forest ecosystem: disturbance, development, and the steady state based on the Hubbard Brook ecosystem study [New Hampshire][J]. Science, 205: 1369-1370.

Brown G S. 1965. Point density in stems per acre[J]. New Zealand Forestry Research Notes, 38(3): 1-11.

Calder I R. 2007. Forests and water—ensuring forest benefits outweigh water costs [J]. Forest Ecology and Management, 251(1-2): 110-120.

Capmourteres V, Anand M. 2016. Assessing ecological integrity: a multi-scale structural and functional approach using Structural Equation Modeling [J]. Ecological Indicators, 71: 258-269.

Chen D, Zheng S, Shan Y, et al. 2013. Vertebrate herbivore-induced changes in plants and soils: linkages to ecosystem functioning in a semi-arid steppe [J]. Functional Ecology, 27(1): 273-281.

Clark P J, Evans F C. 1954. Distance to nearest neighbor as a measure of spatial relationships in populations[J]. Ecology, 35(4): 445-453.

Corral-Rivas J J, Wehenkel C, Castellanos-Bocaz H A, et al. 2010. A permutation test of spatial randomness: application to nearest neighbour indices in forest stands [J]. Journal of Forest Research, 15(4): 218-225.

de Liocourt F D. 1898. De l'amenagement des sapiniers[J]. Bul Soc For Franche-Compte et Belfort, 4: 396-409.

Derry A M, Staddon W J, Kevan P G. 1999. Functional diversity and community structure of micro-organisms in three arctic soils as determined by sole-carbon-source-utilization[J]. Biodiversity and Conservation, 8(2): 205-221.

Desrochers R E, Kerr J T, Currie D J. 2011. How, and how much, natural cover loss increases species richness[J]. Global Ecology & Biogeography, 20(6): 857-867.

Diouf A, Barbier N, Lykke A M, et al. 2012. Relationships between fire history, edaphic factors and woody vegetation structure and composition in a semi-arid savanna landscape (Niger, West Africa) [J]. Applied Vegetation Science, 15(4): 488-500.

Dixon R M. 1995. Water infiltration control at the soil surface: theory and practice [J]. Journal of Soil & Water Conservation, 50(5): 450-453.

Eisenhauer N, Bowker M A, Grace J B, et al. 2015. From patterns to cansal understanding: structural equation modeling (SEM) in soil ecology[J]. Pedobiologia, 58(2-3): 65-72.

Ferraz S F, de Paula Lima W, Rodrigues C B. 2013. Managing forest plantation landscapes for water conservation[J]. Forest ecology and management, 301: 58-66.

Ferris R, Humphrey J. 1999. A review of potential biodiversity indicators for application in British forests[J]. Forestry, 72(4): 313-328.

Fisher R A, Corbet A S, Williams C B. 1943. The relation between the number of species and the number of individuals in a random sample of an animal population [J]. The Journal of Animal Ecology, 42-58.

Gadow K V, Bredenkamp B. 1992. Forest management[M]. Hatfield (Pretoria).

Gash J. 1979. An analytical model of rainfall interception by forests [J]. Quarterly Journal of the Royal Meteorological Society, 105(443): 43-55.

Gazol A, Pärtel M. 2012. Landscape-and small-scale determinants of grassland species diversity: direct and indirect influences [J]. Ecography, 35(10): 944-951.

Ghalandarayeshi S, Nord-Larsen T, Johannsen V K, et al. 2017. Spatial patterns of tree species in Suserup Skov-a semi-natural forest in Denmark [J]. Forest Ecology and Management, 406: 391-401.

González de Andrés E, Camarero J J, Blanco J A, et al. 2018. Tree-to-tree competition in mixed European beech-scots pine forests has different impacts on growth and water-use efficiency depending on site conditions [J]. Journal of Ecology, 106(1): 59-75.

Goodburn J M, Lorimer C G. 1998. Cavity trees and coarse woody debris in old-growth and managed northern hardwood forests in Wisconsin and Michigan[J]. Canadian Journal of Forest Research, 28(3): 427-438.

Gower S T, McMurtrie R E, Murty D. 1996. Aboveground net primary production decline with stand age: potential causes [J]. Trends in Ecology & Evolution, 11(9): 378-382.

Grace J B. 1999. The factors controlling species density in herbaceous plant communities: an assessment[J]. Perspectives in Plant Ecology Evolution & Systematics, 2(1): 1-28.

Grace J B, Anderson T M, Olff H, et al. 2010. On the specification of structural equation models for ecological systems [J]. Ecological Monographs, 80(1): 67-87.

Grace J B, Michael A T, Smith M D, et al. 2007. Does species diversity limit productivity in natural grassland communities[J]. Ecology Letters, 10(8): 680-689.

Grushecky S T, Fajvan M A. 1999. Comparison of hardwood stand structure after partial harvesting using intensive canopy maps and geostatistical techniques[J]. Forest Ecology & Management, 114(2-3): 421-432.

Hegyi F. 1974. A simulation model for managing jack-pine stands [J]. Growth Models for Tree and Stand Simulation, 30: 74-90.

Hemachandra K S, Bandara B P U R, Weerakkody W A P, et al. 2014. Comparison of diversity and abundance of hymenopteran parasitoids in eco-friendly home gardens and conventional home gardens in hambanthota district of sri lanka. Kandy, Peradeniya University International Symposium.

Holmes M J, Reed D D. 1991. Competition indices for mixed species northern hardwoods [J]. Forest Science, 137: 1338-1349, 1312.

Holmgren J, NilssonM, Olsson H. 2003. Estimation of tree height and stem volume on plots using airborne laser scanning [J]. Forest Science, 49(3): 419-428.

Horton R E. 1919. Rainfall interception [J]. Monthly Weather Review, 47(9): 603-623.

Iwasa Y, Cohen D, Leon J A. 1985. Tree height and crown shape, as results of competitive games [J]. Journal of Theoretical Biology, 112(2): 279-297.

Jonsson M, Wardle D A. 2010. Structural equation modelling reveals plant-community drivers of carbon storage in boreal forest ecosystems [J]. Biology Letters, 6(1): 116.

Jöreskog K G, Sorbom D. 1989. LISREL7: User's reference guide[J]. Scientific Software, Mooresville.

Jr Petrere M. 1985. The variance of the index (R) of aggregation of Clark and Evans[J]. Oecologia, 68(1): 158.

Kimmins J P. 1996. Forest Ecology [M]. New York: Macmillan Inc.

Kint V, van Meirvenne M, Nachtergale L, et al. 2003. Lust. Spatial methods for quantifying forest stand structure development: a comparison between nearest-neighbor indices and variogram analysis [J]. Forest Science, 49(1): 36-49.

Kittredge J. 1948. Forest influences: The effects of woody vegetation on climate, water, and soil, with applications to the conservation of water and the control of floods and erosion [M]. Springer Berlin Heidelberg: Crossroads in Literature and Culture.

Kubota Y, Kubo H, Shimatani K. 2007. Spatial pattern dynamics over 10 years in a conifer/broadleaved forest, northern Japan [J]. Plant Ecology, 190(1): 143-157.

Kuuluvainen T, Mäki J, KarjalainenL, et al. 2002. Tree age distributions in old-growth forest sites in Vienansalo wilderness, eastern Fennoscandia [J]. Age, 169-184.

Laliberté E, Tylianakis J M. 2012. Cascading effects of long-term land-use changes on plant traits and ecosystem functioning [J]. Ecology, 93(1): 145-155.

Lamb E G, Kennedy N, Siciliano S D. 2011. Effects of plant species richness and evenness on soil microbial community diversity and function[J]. Plant & Soil, 338(1-2): 483-495.

Lamb E G, Shirtliffe S, May W. 2011b. Structural equation modelling in the plant sciences: an example using yield components in oat[J]. Canadian Journal of Plant Science, 91(91): 603-619.

Leithead M, Anand M, Duarte L D S, et al. 2012. Causal effects of latitude, disturbance and dispersal limitation on richness in a recovering temperate, subtropical and tropical forest[J]. Journal of Vegetation Science, 23(2): 339-351.

Li F S. 2004. Analysis on the spatial structures of spruce-fir stands in the Northwest Maine [D]. New York: State University of New York, College of Environmental Science and Forestry.

Liu C, Zhang L, Davis C J, et al. 2002. A finite mixture model for characterizing the diameter distributions of mixed-species forest stands [J]. Forest Science, 48(4): 653-661, 659.

Lowrance R, Altier L S, Newbold J D, et al. 1997. Water quality functions of riparian forest buffers in Chesapeake Bay watersheds [J]. Environmental Management, 21(5): 687-712.

Loydi A, Lohse K, Otte A, et al. 2014. Distribution and effects of tree leaf litter on vegetation composition and biomass in a forest-grassland ecotone [J]. Journal of Plant Ecology, 7(3): 264-275.

Mabvurira D, Maltamo M, Kangas A. 2002. Predicting and calibrating diameter distributions of Eucalyptus grandis (Hill) Maiden plantations in Zimbabwe [J]. New Forests, 23(3): 207-223.

Maltamo M, Eerikäinen K, Pitkänen J, et al. 2004. Estimation of timber volume and stem density based on scanning laser altimetry and expected tree size distribution functions [J]. Remote Sensing of Environment, 90(3): 319-330.

Mason W, Quine C. 1995. Silvicultural possibilities for increasing structural diversity in British spruce forests: the case of Kielder Forest [J]. Forest Ecology and Management, 79(1-2): 13-28.

Matías L, Castro J, Zamora R. 2012. Effect of simulated climate change on soil respiration in a mediterranean-type ecosystem: rainfall and habitat type are more important than temperature or the soil carbon pool [J]. Ecosystems, 15(2): 299-310.

Mcleod E M, Banerjee S, Bork E W, et al. 2015. Structural equation modeling reveals complex relationships in mixed forage swards [J]. Crop Protection, 78: 106-113.

Meyer H A. 1952. Structure, growth, and drain in balanced uneven-aged forests [J]. Journal of Forestry, 50(2): 85-92.

Miao S, Carstenn S, Nungesser M. 2008. Real world ecology: Large-scale and long-term case studies and methods [M]. New York: Springer, Pubish Company.

Nagaike T, Hayashi A, Abe M, et al. 2003. Differences in plant species diversity in Larix kaempferi plantations of different ages in central Japan [J]. Forest ecology and management, 183(1): 177-193.

Nishimura N, Hara T, Miura M, et al. 2003. Tree competition and species coexistence in a warm-temperate old-growth evergreen broad-leaved forest in Japan [J]. Plant Ecology, 164(2): 235-248.

Nobusawa Y, Murakami K, Kitamura T, et al. 2010. Field observation and laboratory test for nutrient release reduction from bottom sediments with sand capping at yokohama port[J]. Journal of Coastal Engineering Jsce, 56(1): 1181-1185.

Nouri Z, Zobeiri M, Feghhi J, et al. 2017. Determination of optimal plot area for studying spatial structural indices in beech forests of kheyrud, nowshahr[J]. Journal of Wood and Forest Science and Technology, 23(4): 46-64.

Ogée J, Brunet Y. 2002. A forest floor model for heat and moisture including a litter layer [J]. Journal of Hydrology, 255(1): 212-233.

Ozdemir I, Karnieli A. 2011. Predicting forest structural parameters using the image texture derived from WorldView-2 multispectral imagery in a dryland forest, Israel[J]. International Journal of Applied Earth Observation and Geoinformation, 13(5): 701-710.

Pan S, Hu M, Luo J, et al. 2015. Effects of rehabilitation species on slope vegetation diversity and soil and water conservation [J]. Biodiversity Science, 23(3): 341-350.

Penttinen A, Stoyan D, Henttonen H M. 1992. Marked point processes in forest statistics[J]. Forest Science, 38(4): 806-824.

Pielou E. 1961. Segregation and symmetry in two-species populations as studied by nearest-neighbour relationships[J]. The Journal of Ecology, 49(2): 255-269.

Pitkänen S. 1997. Correlation between stand structure and ground vegetation: an analytical approach [J]. Plant Ecology, 131(1): 109-126.

Pollman C D, Swain E B, Bael D, et al. 2017. The evolution of sulfide in shallow aquatic ecosystem sediments: An analysis of the roles of sulfate, organic carbon, and feedback constraints using structural equation modeling[J]. Journal of Geophysical Research: Biogeosciences, 2719-2734.

Pommerening A. 2002. Approaches to quantifying forest structures [J]. Forestry: An International Journal of Forest Research, 75(3): 305-324.

Pommerening A. 2006. Evaluating structural indices by reversing forest structural analysis [J]. Forest Ecology and Management, 224(3): 266-277.

Pommerening A, Stoyan D. 2006. Edge-correction needs in estimating indices of spatial forest structure [J]. Canadian Journal of Forest Research, 36(7): 1723-1739.

Portillo-Quintero C, Sanchez-Azofeifa A, Calvo-Alvarado J, et al. 2015. The role of tropical dry forests for biodiversity, carbon and water conservation in the neotropics: lessons learned and opportunities for its sustainable management[J]. Regional Environmental Change, 15(6): 1039-1049.

Pretzsch H. 1997. Analysis and modeling of spatial stand structures. Methodological considerations based on mixed beech-larch stands in Lower Saxony [J]. Forest Ecology and Management, 97(3): 237-253.

Qian H, Klinka K, Sivak B. 1997. Diversity of the understory vascular vegetation in 40 year-old and old-growth forest stands on Vancouver Island, British Columbia [J]. Journal of Vegetation Science, 8(6): 773-780.

Racine E B, Coops N C, St-Onge B, et al. 2014. Estimating forest stand age from LiDAR-derived predictors and nearest neighbor imputation [J]. Forest Science, 60(1): 128-136.

Ramovs B, Roberts M. 2003. Understory vegetation and environment responses to tillage, forest harvesting, and conifer plantation development [J]. Ecological Applications, 13(6): 1682-1700.

Riseng C M, Wiley M J, Black R W, et al. 2011. Impacts of agricultural land use on biological integrity: a causal analysis [J]. Ecological Applications, 21(8): 3128-3146.

Rozas V. 2015. Individual-based approach as a useful tool to disentangle the relative importance of tree age, size and inter-tree competition in dendroclimatic studies[J]. iForest-Biogeosciences and Forestry, 8(2): 187-194.

Santibáñez-Andrade G, Castillo-Argüero S, Vega-Peña E V, et al. 2015. Structural equation modeling as a tool to develop conservation strategies using environmental indicators: the case of the forests of the Magdalena river basin in Mexico City [J]. Ecological Indicators, 54(2): 124-136.

Sarkkola S, HökkäH, Penttila T. 2004. Natural development of stand structure in peatland Scots pine following drainage: results based on long-term monitoring of permanent sample plots [J]. Silva Fennica, 38(4): 405-412.

Shidiq I P A, Ismail M H. 2016. Stand age model for mapping spatial distribution of rubber tree using remotely sensed data in kedah, malaysia [J]. Jurnal Teknologi, 78(5): 239-244.

Shipley B. 2000. Cause and Correlation in Biology[M]. Cambridge: Cambridge University Press.

Shipley B. 2002. Start and stop rules for exploratory path analysis[J]. Structural Equation Modeling: A Multidiscipline Journal, 9(4): 554-561.

Storck P, Lettenmaier D P, Bolton S M. 2002. Measurement of snow interception and canopy effects on snow accumulation and melt in a mountainous maritime climate, Oregon, United States [J]. Water Resources Research, 38(11): 5-1-5-16.

Stoyan D, Penttinen A. 2000. Recent applications of point process methods in forestry Statistics[J]. Statistical Science, 15(1): 61-78.

Sun G, Lu J, Mcnulty S G, et al. 2006. Using the Hydrologic Model MIKE SHE to Assess Disturbance Impacts On Watershed Processes and Responses Across the Southeastern U. S[C]. Otto, NC: USDAFS Interagency Conference on Watersheds Research.

von Gadow K, Hui G. 2002. Characterizing forest spatial structure and diversity [J]. W: Bjoerk L. Sustainable forestry in temperate regions. Materiały konferencyjne IUFRO, Lund, 20-30.

Waltz A E, Fulé P Z, Covington W W, et al. 2003. Diversity in ponderosa pine forest structure following ecological restoration treatments [J]. Forest Science, 49(6): 885-900.

Wang J, Watts D B, Meng Q, et al. 2016. Soil water infiltration impacted by maize (Zea mays L.) growth on sloping agricultural land of the Loess Plateau [J]. Journal of Soil & Water Conservation, 71(4): 301-309.

Wei X, Bi H X, Liang W J, et al. 2018. Relationship between soil characteristics and stand structure of *Robinia pseudoacacia* L. and *Pinus tabulaeformis* Carr. Mixed plantations in the Caijiachuan Watershed: an application of structural equation modeling[J]. Forests, 9(3): 124.

Weibull W. 1951. A statistical distribution function of wide applicability [J]. Journal of Applied Mechanics, 13(2): 293-297.

Whelan M, Anderson J. 1996. Modelling spatial patterns of throughfall and interception loss in a Norway spruce (Picea abies) plantation at the plot scale[J]. Journal of Hydrology, 186(1-4): 335-354.

Yang S, Li Y H, Gao Z L, et al. 2017. Runoff and Sediment Reduction Benefit of Hedgerows and Fractal Characteristics of Sediment Particles on Loess Plateau Slope of Engineering Accumulation [J]. Transactions of the Chinese Society for Agricultural Machinery, 48(8): 270-277.

Youngblood A, Max T, Coe K. 2004. Stand structure in eastside old-growth ponderosa pine forests of Oregon and northern California [J]. Forest Ecology and Management, 199(2): 191-217.

Zasada M, Cieszewski C J. 2005. A finite mixture distribution approach for characterizing tree diameter distributions by natural social class in pure even-aged Scots pine stands in Poland [J]. Forest Ecology & Management, 204(2): 145-158.

Zhang L, Gove J H, Liu C, et al. 2001. Leak. A finite mixture of two Weibull distributions for modeling the diamete distributions of rotated-sigmoid, uneven-aged stands[J]. Canadian Journal of Forest Research, 31(9): 1654-1659.